排污单位自行监测技术指南教程
——总则

生态环境部生态环境监测司　编著
中国环境监测总站

中国环境出版集团·北京

图书在版编目（CIP）数据

排污单位自行监测技术指南教程. 总则/生态环境部生态环境监测司，中国环境监测总站编著. —北京：中国环境出版集团，2018.8
ISBN 978-7-5111-3616-9

Ⅰ. ①排… Ⅱ. ①生…②中… Ⅲ. ①排污—环境监测—教材 Ⅳ. ①X506

中国版本图书馆 CIP 数据核字（2018）第 166752 号

出 版 人	武德凯	
责任编辑	曲　婷	
责任校对	任　丽	
封面设计	宋　瑞	

出版发行　中国环境出版集团
　　　　　　（100062　北京市东城区广渠门内大街 16 号）
　　　　　　网　　　址：http://www.cesp.com.cn
　　　　　　电子邮箱：bjgl@cesp.com.cn
　　　　　　联系电话：010-67112765（编辑管理部）
　　　　　　发行热线：010-67125803，010-67113405（传真）

印　　刷　北京中科印刷有限公司
经　　销　各地新华书店
版　　次　2018 年 10 月第 1 版
印　　次　2018 年 10 月第 1 次印刷
开　　本　787×960　1/16
印　　张　16.75
字　　数　260 千字
定　　价　60.00 元

《排污单位自行监测技术指南教程》
编审委员会

主　任　柏仇勇　刘志全

副主任　胡克梅　刘廷良

委　员　邢　核　佟彦超　董明丽　敬　红　王军霞　唐桂刚

《排污单位自行监测技术指南教程——总则》
编写委员会

主　　编　王军霞　董明丽　唐桂刚　邢　核　敬　红

编写人员　董广霞　董艳平　冯亚玲　李　曼　李　石

　　　　　李莉娜　刘通浩　罗财红　吕　卓　马光军

　　　　　秦承华　邱立莉　汤佳峰　王　鑫　闻　欣

　　　　　夏　青　杨伟伟　张　震　张守斌　赵银慧

序

    党中央、国务院高度重视生态环境保护工作，党的十八大从新的历史起点出发，做出"大力推进生态文明建设"的战略决策。党的十九大提出了一系列新理念、新要求、新目标、新部署，为提升生态文明、建设美丽中国指明了前进方向和根本遵循。习近平总书记在全国生态环境保护大会上指出生态文明建设是关系中华民族永续发展的根本大计。生态环境是关系党的使命宗旨的重大政治问题，也是关系民生的重大社会问题。习近平生态文明思想开启了新时代生态环境保护工作的新阶段。

    生态环境监测是生态环境保护工作的重要基础，是环境管理的基本手段。几十年来，中国环境监测为生态环境保护工作作出了重要贡献。我国相关法律法规中明确要求排污单位对自身排污状况开展监测，排污单位开展排污状况自行监测是法定的责任和义务。

    为规范和指导排污单位开展自行监测工作，生态环境部发布了一系列排污单位自行监测技术指南。生态环境部环境监测司组织中国环境监测总站编写了排污单位自行监测技术指南教程系列图书，将排污单位自行监测技术指南分类解析，既突出对理论的解读，又兼顾实践中应用的案例，力求实现权威性、技术性、实用性、科学性，具有很强的指导意义。本套图书既可以作为各级环保主管部门、各研究机构、企事业单位环境监测人员的工作用书和培训教材，还可以作为大众学习的科普图书。

自行监测数据承载包含了大量污染排放和治理信息，这是生态大数据重要的信息源，是排污许可证申请与核发等新时期环境管理的有力支撑。随着生态环境质量的不断改善，环境管理的不断深化，自行监测制度也会不断的完善和改进。希望本书的出版能为推进排污单位自行监测管理水平，落实企业自行监测主体责任发挥重要作用，为打赢污染防治攻坚战作出应有的贡献。

编　者

2018 年 10 月

目　录

第1章 我国污染源监测管理制度体系

1.1 发展历程

污染源监测作为环境监测的重要组成部分，是与我国环境保护工作同步发展起来的。

1972 年以来，我国环境保护工作经历了环境保护意识启蒙阶段（1972—1978年）、环境污染蔓延和环境保护制度建设阶段（1979—1992 年）、环境污染加剧和规模化治理阶段（1993—2001 年）、环保综合治理阶段（2002—2012 年）。[①]集中的污染治理尤其是严格的主要污染物总量控制，有效遏制了环境质量恶化的趋势，但仍未实现环境质量的全面改善，"十三五"期间，我国环境保护思路转向以环境质量改善为核心。

与环境保护工作相适应，我国环境监测大致经历了 3 个阶段：第一阶段，污染调查监测与研究性监测阶段；第二阶段，污染源监测与环境质量监测并重阶段；第三阶段，环境质量监测与污染源监督监测阶段。[②]

根据污染源监测在环境管理中的地位和实施情况，可将污染源监测划分为 3

---

① 中国环境保护四十年回顾及思考（回顾篇），曲格平在香港中文大学"中国环境保护四十年"学术论坛上的演讲。

② 中国环境监测总站原副总工程师张建辉接受网易北京频道《环境与生活》杂志采访时讲话。

个阶段：严格的总量控制制度之前（"十一五"之前）、严格的总量控制制度时期（"十一五"时期和"十二五"时期）、以环境质量改善为核心阶段时期（"十三五"时期）。

1.1.1 环境保护工作起步至严格的总量控制制度之前（1972—2005 年）

（1）污染源监测主要服务于工业污染源调查和环境管理"八项制度"

1973 年，我国召开了第一次全国环境保护会议，通过了"全面规划、合理布局、综合利用、化害为利、依靠群众、大家动手、保护环境、造福人民"的环保 32 字方针和我国第一个环境保护文件《关于保护和改善环境的若干规定》。第一次全国环境保护会议之后，北京、沈阳、南京等城市相继开展了工业污染源调查，各省、市（地区）环境管理机构和环境监测站相继建立。

20 世纪 80 年代，为了摸清工业污染源排放状况，我国开展了一次全国性工业污染源调查；90 年代，开展了全国乡镇工业污染源调查。污染源监测结果是工业污染源污染排放状况调查的重要依据。

环境管理"八项制度"需要污染源监测的支撑。如排污收费污染源监测；"三同时"制度中的"验收监测"；污染处理设施的"运转效果监测"；环境影响评价中污染源的"现状监测"与"验证性监测"；环境目标责任制中的"污染负荷监测"；排污许可证制度中的"排污申报核查监测"；污染限期治理中的"治理效果监测"；城市环境综合整治定量考核中的"流动污染源监测"等。总之，环境管理"八项制度"中，每项制度都有污染源监测的内容。

在实施过程中，根据各项制度推进情况的不同，污染源监测的实施也有所差别。

（2）政府和排污企业开展污染源监测

这个时期污染源监测主体主要包括政府部门的环境监测机构和企业环境监测机构两大类。其中政府部门的环境监测机构又包括环境保护主管部门的环境监测机构和部委或行业监测机构。

政府部门的环境监测机构承担辖区内或本行业内排污单位污染源监督性监测工作，为环境管理提供服务。

企业环境监测站从 20 世纪 70 年代开始，几乎与地方环境监测站同步发展。主要是各大、中型企业为掌握自身污染源特征、污染物类型、浓度、排放规律以及环境质量状况、发展趋势而建设的环境监测站。企业监测站主要受相关业务主管部门管理，不同行业、不同企业管理水平差异较大。这是一支庞大的监测队伍，是我国环保监测事业的补充和完善，在环境保护中发挥着重要作用。

（3）逐步筛选出污染源监测，监测指标集中在常规性的重点污染物

污染源监测初期，由于各种基础薄弱，污染源监测范围还不太明确。1991 年之后，经过对重点污染企业的筛选、核定、制定监测方案等一系列工作，逐步形成了重点污染源监督监测管理制度。重点污染源是根据排污负荷的贡献率筛选得到的，20 世纪 90 年代，重点污染源在 3 000 家左右。

限于监测能力和监管能力，这个时期污染源监测指标主要是一些常规性的重点污染物指标，部分企业涉及特征污染物的监测，具体的污染物指标没有特别强调。因此，监测指标基本为：废水 "2+X"（化学需氧量、氨氮+特征污染物），废气 "3+X"（二氧化硫、氮氧化物、颗粒物+特征污染物）。

（4）污染源监测以手工监测为主，监测技术规范体系初步建立

这个时期污染源监测主要以手工监测为主。为了规范手工监测活动，相关技术规范先后制定，包括《水质 采样方案设计技术规定》（GB 12997—91）、《水质采样技术指导》（GB 12998—91）、《水质采样 样品的保存和管理技术规定》（GB 12999—91）、《地表水和污水监测技术规范》（HJ/T 91—2002）、《水污染物排放总量监测技术规范》（HJ/T 92—2002）、《固定污染源排气中颗粒物测定与气态污染物采样方法》（GB/T 16157—1996）、《大气污染物无组织排放监测技术导则》（HJ/T 55—2000）。除《水质 采样方案设计技术规定》、《水质 采样技术指导》、《水质采样 样品的保存和管理技术规定》等三项技术规定于 2009 年进行了修订外，其他几项标准规范，至今仍是污染源监测的重要依据。

自20世纪90年代中后期开始，关于安装自动监测设备的相关建议开始提出。"十五"期间，自动监测有所发展，发布实施了《火电厂烟气排放连续监测技术规范》（HJ/T 75—2001）、《固定污染源排放烟气连续监测系统技术要求及检测方法》（HJ/T 76—2001）。

"十五"以来，随着监测任务的加重和科学技术的发展，便携式烟气检测技术得到发展，二氧化硫、氮氧化物、一氧化碳便携式快速检测仪器逐渐得到推广应用，大大提高了烟气监测效率。2005年，国家环境保护总局颁发了《污染源自动监控管理办法》（总局令 第28号）对重点污染源自动监控系统的监督管理进行了规定。

（5）污染源监测管理制度初步建立

1979年9月13日，我国颁发《中华人民共和国环境保护法（试行）》，提出的环境保护机构职责，包括组织环境监测，掌握全国环境状况和发展趋势。1989年12月26日，我国颁发《中华人民共和国环境保护法》，第十一条提出："国务院环境保护行政主管部门建立监测制度，制定监测规范，会同有关部门组织监测网络，加强对环境监测的管理。国务院和省、自治区、直辖市人民政府的环境保护行政主管部门，应当定期发布环境状况公报。"

1983年7月21日，城乡建设环境保护部颁发《全国环境监测管理条例》，明确了各部门、企事业单位的环境测试机构环境监测职责。污染监测职责主要由企业监测站、县级监测站和市级监测站承担。企业事业单位的监测站负责对单位的排污情况进行定期监测，及时掌握本单位的排污状况和变化趋势；市县级环境监测站对有关单位排放污染物的状况进行定期或不定期的监测性测定，建立和健全污染源档案。

1991年国家环境保护局发布《工业污染源监测管理办法（暂行）》（〔91〕环监字第086号），1999年发布《污染源监测管理办法》（环发〔1999〕246号），同时〔91〕环监字第086号废止。《污染源监测管理办法》对各级环境保护局、各级环境保护局所属环境监测站、行业主管部门设置的污染源监测机构、排污单位的环境监测机构的职责分工进行了明确，同时提出污染源监测网络、污染源监测管理、污染源监测设施的管理、污染源监测结果报告、处罚等相关内容的要求。《污染源监测管理办法》自 1999 年 11 月 2 日起施行，2016 年 7 月 13 日废止，《关于废止部分环保部门规章和规范性文件的决定》（环境保护部令 40 号），从实施效果看，未能发挥应有的作用。

（6）污染源监测信息分级上报，部门共享机制尚未建立

1996 年国家环境保护局发布《环境监测报告制度》，对污染源监测报告做出规定。污染源监测数据应报送至环境管理部门和中国环境监测总站，并通过撰写季度报告的形式服务环境管理。但是由于受技术限制，当时没有全国统一的污染源监测信息管理系统，监测数据也不成体系，大多数据都局限于本部门内部使用，多部门的数据共享应用也较薄弱。

1.1.2　严格的总量控制制度时期（2006—2015 年）

（1）污染源监测围绕着总量控制制度开展总量减排监测

"十一五"期间，化学需氧量和二氧化硫排放总量指标首次列为国民经济和社会发展五年规划纲要约束性指标，标志着我国开始实施严格的污染物排放总量控制制度。"十二五"期间，化学需氧量、氨氮、二氧化硫、氮氧化物四项污染物排放总量指标纳入国民经济和社会发展五年规划纲要约束性指标。这个时期，总量控制制度在环境保护工作中占据非常重要的地位，很多基础性工作都围绕着总量控制制度推进和实施。为了进一步明确主要污染物总量减排污染源监测相关要求，我国分别于 2007 年、2013 年印发了《"十一五"主要污染物总量减排监测办法》《"十二五"主要污染物总量减排监测办法》，对各级监测部门的监测职责、监测要求进行了明确。

2011 年，国务院批复《重金属污染综合防治"十二五"规划》，提出重金属污染防治控制要求，与此相适应，对重金属重点监控企业监督性监测提出要求。

这一时期，污染源监测以服务主要污染物总量控制为主，同时服务重金属污

染防治等环境保护重点工作。

（2）以政府部门为主，企业自行监测和社会化检测机构监测不断发展

这个时期污染源监测，以环保部门监测机构为主。根据主要污染物总量减排监测办法，污染源监督性监测工作原则上由县级政府环境保护主管部门负责。县级政府环境保护主管部门监测能力不足时，由市（地）级以上政府环境保护主管部门负责监测或由省级政府环境保护主管部门确定。国控重点污染源监督性监测工作由市（地）级政府环境保护主管部门负责，其中装机容量 30 万 kW 以上火电厂的污染源监督性监测工作由省级政府环境保护主管部门负责。

国控重点排污企业逐步开展自行监测。2013 年以前的污染源监测工作以服务环境管理为核心、以环境监测站为承担主体，在配合管理部门完成了大量的污染源监督性监测工作的基础上出现了污染源监督性监测任务逐年增加，而数据应用严重不足、无法满足管理需求的问题。2013 年环境保护部印发了《国家重点监控企业自行监测及信息公开办法（试行）》（环发〔2013〕81 号），采取与总量减排考核指标挂钩的办法，开始推进排污企业自行监测制度的建设和污染源监测信息公开发布工作。对于污染源监督性监测，向重点强调其问题导向性和针对性方向发展，逐步提高监测服务管理的效能。

社会化检测机构有所发展。随着各地监测任务不断增加，以及污染源自行监测的推进，对社会检测机构的需求迅速增大，各地社会检测机构不同程度有所发展。据调查显示，社会检测机构发展总体不均衡，存在较大区域性差异。东部地区由于起步早、市场需求大且成熟度较高，社会检测机构已经初具规模。以浙江省为例，截至 2013 年年底，浙江省共有 103 家社会检测机构，从业人员 2 000 多人，年产值约为 12 亿元，其中多数为中小型检测机构，年产值在 200 万元以下的占 51%，3 000 万元以上的大型检测机构仅占 7%。上海市和广东省的社会检测机构也分别达到 40 余家和 90 余家。相比之下，中西部地区的社会化检测机构发展速度较慢，山西、陕西、内蒙古、四川、新疆等地区具备一定规模的社会检测机构都不足 10 家。现有社会环境检测机构普遍规模小、起点低、管理不规范，并且

绝大多数是产品质量检测、食品检测为主兼营环境检测的综合类检测机构，单纯以环境检测为主业经营的不足 20%。由于缺少法律授权，地方环保部门对社会检测机构缺乏有效监管，存在权责不清、定位不明、准入门槛过低、退出机制不完善、跨界监管难等一系列问题。2015 年，环保部印发《关于推进环境监测服务社会化的指导意见》（环发〔2015〕20 号），对社会化检测机构发展提出了原则性的指导意见。

（3）污染源监测集中在总量控制要求的约束性指标

这一时期，污染源监测重点服务于主要污染物总量减排，因此在监测指标上重点选择了纳入国民经济和社会发展五年规划纲要的约束性指标，"十一五"期间主要为化学需氧量和二氧化硫，"十二五"期间为化学需氧量、氨氮、二氧化硫和氮氧化物。《重金属污染综合防治"十二五"规划》发布后，对重金属重点监控企业的重金属加强了监测。同时，由于单纯侧重主要污染物指标的监管，其他污染物指标超标问题有所显现，因此国家开始要求各地对国家重点监控企业，按照行业内的排放标准规定，每年开展 1～2 次的全指标监测。但实际实施效果不够理想，各地仍以开展主要污染物指标的总量减排监测为主，并且对重金属重点监控企业废水重金属项目监测开展情况较好，其他指标的监测比例则较低。由此可见，我国开展的污染源监督性监测的指标覆盖范围较低，很多污染物尚未纳入监测体系。

（4）污染源监测仍以手工监测为主，在线监测技术得到了快速发展

这一时期我国在线环境监测技术快速发展，2007 年国家环境保护总局集中制修订了 6 项在线监测技术规范，分别为《固定污染源烟气排放连续监测技术规范（试行）》（HJ/T 75—2007）、《固定污染源烟气排放连续监测系统技术要求及检测方法（试行）》（HJ/T 76—2007）、《水污染源在线监测系统安装技术规范（试行）》（HJ/T 353—2007）、《水污染源在线监测系统验收技术规范（试行）》（HJ/T 354—2007）、《水污染源在线监测系统运行与考核技术规范（试行）》（HJ/T 355—2007）、《水污染源在线监测系统数据有效性判别技术规范（试行）》（HJ/T 356—2007）。2 项烟气自动监测技术规范主要针对颗粒物、二氧化硫、氮氧化物和烟气参数；

4 项废水污染源监测技术规范仅适用于化学需氧量、氨氮、总磷、pH 和水温。

根据《主要污染物总量减排监测办法》，国家重点监控企业应安装在线监测设备，对总量减排污染物实施自动监测。这一时期，全国近 1 万家国家重点监控企业安装自动监测设备，并与国家联网。实施自动监测的污染物指标主要为化学需氧量、氨氮、二氧化硫、氮氧化物，部分企业安装了颗粒物、总氮、总磷、pH、重金属的自动监测设备。伴随着自动监测设备大量安装使用，国内的相关设备厂商逐步发展起来，改变了过去主要依赖进口的局面。

除上述企业和自动监测的项目外，对于量大面广的污染源仍主要以手工监测技术为主。其中废气污染源烟气常规项目的监测主要以便携式检测仪器为主，其他污染物主要依靠现场采样、实验室分析的方式；废水污染物排放监测也以现场采样、实验室分析为主。

这一时期，新发布了两项适用于手工监测的技术规范：《固定源废气监测技术规范》（HJ/T 397—2007）、《固定污染源监测质量保证与质量控制技术规范》（试行）（HJ/T 373—2007）；修订了三项技术规定：《水质　采样方案设计技术规定》（HJ 495—2009）、《水质　采样技术指导》（HJ 494—2009）、《水质　样品的保存和管理技术规定》（HJ 493—2009）。

（5）加强对主要污染物总量减排监测的规范化管理

这一时期污染源监测管理主要以《主要污染物总量减排监测办法》为依据。

为了适应总量减排对自动监测的需求，"十一五"期间相继出台了《污染源自动监控设施运行管理办法》（环发〔2008〕6 号）、《国家监控企业污染源自动监测数据有效性审核办法》（环发〔2009〕88 号）、《国家重点监控企业污染源自动监测设备监督考核规程》（环发〔2009〕88 号）、《国家重点监控企业污染源自动监测设备监督考核合格标志使用办法》（环办〔2010〕25 号）等一系列规范性文件，提出了自动监测数据管理要求。

为了提升污染源监测对总量减排、重金属污染防治等环境保护重点工作的支撑，原环境保护部先后印发了《主要污染物总量减排监测体系建设考核办法》（环

办〔2009〕148 号）、《国控污染源排放口污染物排放量计算方法》（环办〔2011〕
8 号）、《关于加强重金属污染环境监测工作的意见》（环办〔2011〕52 号）、《关于
加强污染源监督性监测数据在环境执法中应用的通知》（环办〔2011〕123 号）等
规范性文件。

2013 年，环境保护部印发了《国家重点监控企业自行监测及信息公开办法（试
行）》（环发〔2013〕81 号）、《国家重点监控企业污染源监督性监测及信息公开办
法（试行）》（环发〔2013〕81 号），首次对企业自行监测提出明确要求，同时对
自行监测及监督性监测数据信息公开进行了规范。

（6）污染源监测信息大多及时上报，对环境执法的支撑应用加强

污染源的连续自动监测数据主要由环保系统的环境监察部门负责管理，各地
将国控污染源自动监测数据与国家环境监察局联网实时上传数据。

污染源的监督性监测数据由环保系统的环境监测管理部门负责，地方各级环
境监测机构通过业务系统上报至中国环境监测总站。2013 年以来，污染源的监督
性监测数据通过网站或地方监测数据管理平台向社会公开。2013 年实行排污企业
自行监测以来，企业自行监测开展情况由环境监测部门调度，监测数据通过网站
或地方监测数据管理平台向社会公开。

污染源监督性监测信息在环保部门系统内部可实现共享应用。为加强对污染源
的监督管理，发挥污染源监督性监测数据的作用，提高环境执法效率，2011 年原环
境保护部下发了《关于加强污染源监督性监测数据在环境执法中应用的通知》（环
办〔2011〕123 号），对环境监测机构向环境执法部门提供监测数据、环境执法部门
根据监测数据进行执法的程序进行了明确。该文件对促进监测数据在环境执法中的
应用有推动作用，但受限于地方执法能力和执法意愿，应用程度仍严重不足。

1.1.3　以环境质量改善为核心阶段时期（2016 年以来）

（1）主要服务于环境保护执法和排污许可制实施

"十三五"期间，尽管二氧化硫、氮氧化物、化学需氧量、氨氮四项污染物仍

是国民经济和社会发展五年规划纲要的约束性指标，但随着环境保护工作向以环境质量改善为核心的转变，污染源监测体制机制也相应启动了改革进程，逐步向支撑服务环境保护执法的方向不断完善。

根据《生态环境监测网络建设方案》（国办发〔2015〕56号）："实现生态环境监测与执法同步。各级环境保护部门依法履行对排污单位的环境监管职责，依托污染源监测开展监管执法，建立监测与监管执法联动快速响应机制，根据污染物排放和自动报警信息，实施现场同步监测与执法。"

2016年11月，国务院办公厅印发了《控制污染物排放许可制实施方案》（国办发〔2016〕81号），提出控制污染物排放许可制的一项基本原则为："权责清晰，强化监管。排污许可证是企事业单位在生产运营期接受环境监管和环境保护部门实施监管的主要法律文书。企事业单位依法申领排污许可证，按证排污，自证守法。环境保护部门基于企事业单位守法承诺，依法发放排污许可证，依证强化事中事后监管，对违法排污行为实施严厉打击。"

因此，企业"自证守法"，管理部门根据执法需要开展污染源监测是这个时期污染源监测的主要发展方向。

（2）企业自行监测开始有了法律强制要求，社会检测机构快速发展

最新修订的《环境保护法》《大气污染防治法》对重点排污单位开展自行监测提出了法律上的强制要求，《控制污染物排放许可制实施方案》规定："实行自行监测和定期报告。企事业单位应依法开展自行监测，安装或使用监测设备应符合国家有关环境监测、计量认证规定和技术规范，保障数据合法有效，保证设备正常运行，妥善保存原始记录，建立准确完整的环境管理台账，安装在线监测设备的应与环境保护部门联网。企事业单位应如实向环境保护部门报告排污许可证执行情况，依法向社会公开污染物排放数据并对数据真实性负责。排放情况与排污许可证要求不符的，应及时向环境保护部门报告。"这些文件明确了重点排污单位开展自行监测的要求。排污企业的自行监测可以自己直接承担，也可以委托监（检）测机构开展，这必将带动社会化检测机构的快速发展。

除此之外，政府部门的环境监测机构配合环境执法需要将开展执法监测，是执法监测的主体。随着污染源监管重心下移以及省以下环境监测监察垂直管理制度的实行，污染源的执法监测将主要由原来的市县级环境监测机构承担。

随着排污单位自行监测的推进，排污单位可委托社会检测机构承担全部或部分自行监测业务。2016 年，开展自行监测的 1.2 万国家重点监控企业中，约 1/3 企业存在委托社会检测机构开展自行监测的现象，涉及社会检测机构数百家。

（3）污染源监测的指标范围显著扩大，既监测主要污染物又依据排放标准开展全指标监测

适应以环境质量改善为核心的要求，这个阶段的环境监测指标不限于主要污染物，而是以污染物排放标准为基础，涵盖企业所执行的排放标准中规定的全部污染物指标。污染源监测的覆盖内容显著扩大。

（4）污染源的自动监测技术应用越来越广泛，现场快速监测技术滞后于环境监管的需求

随着我国生态文明建设的加快推进以及生态环境保护工作的深入推进，各项环境监管工作对自动监测技术、快速检测技术的要求越来越迫切。目前挥发性有机物（VOCs）、废气重金属、恶臭等污染物的自动监测技术不断应用于污染源排放监控，但相关设备的技术标准和使用规范仍有待建立完善。适应执法要求的快速检测技术也在研究和应用过程中。除二氧化硫、氮氧化物等常规指标外，监测 VOCs 和废气重金属等指标的便携式设备仍难以完全满足监管执法，或有待现场验证。可以说，这个时期自动监测技术和快速监测技术是影响我国污染源监测效率的重要因素。

（5）以支撑排污许可证实施为契机，加强污染源监测的规范化管理

2015 年以来，为支撑排污许可制度的实施，根据原环境保护部环境监测司的要求，中国环境监测总站参与研究制定了排污单位自行监测技术指南体系，以《排污单位自行监测技术指南　总则》（以下简称《总则》）为统领，包括一系列重点行业分行业的《排污单位自行监测技术指南》。《总则》在排污单位自行监测指南

体系中属于纲领性的文件，起到统一思路和要求的作用。与排污许可制度相适应，为提高对排污单位自行监测指导的针对性和确定性，根据行业产排污具体情况，分行业制定指南，对差异较大的行业企业自行监测进行指导。通过编制自行监测技术指南，进一步明确和规范排污单位自行监测行为。除监测频次外，这些文件中的其他内容也适用于监督性监测的规范化管理。

（6）污染源监测信息管理平台正在建设，数据应用和共享水平将明显提高

目前，中国环境监测总站正在建设全国污染源监测数据管理与信息共享平台，将企业自行监测数据、执法监测数据进行统一收集和管理，并与相关部门共享及向社会公开。该平台可以实现以下目标：①国家将污染源监测事权下放，通过国家统一收集监测数据，可以作为监督地方政府履行环境保护职责以及排污企业遵守环境保护规定的重要依据；②作为环境保护部门履行新《环境保护法》第五十四条要求的统一发布污染源监测信息提供技术支撑；③为国家排放标准制修订及其评估、污染源产排污系数制修订等研究工作提供基础数据。

污染源监测信息是排污许可管理中的重要内容，是排污许可管理平台不可或缺的一部分。同时，污染源监测作为相对复杂且独立的体系，又可作为独立模块进行开发。这一平台与许可证管理平台相衔接，既作为监督排污企业自行监测和地方政府执法监管的重要手段，促进全社会共同监督，又为许可证管理提供基础监测数据。

1.2 污染源监测新形势

1.2.1 法律法规和中央文件对污染源监测改革提出新要求

2014年新修订的《环境保护法》明确了环保部门、排污单位的环境监测职责，以及篡改、伪造或者指使篡改、伪造环境监测数据的法律责任。《大气污染防治法》进一步明确了排污单位的监测内容和监测方式，并规定排放有毒有害大气污染物

的企业事业单位，应当按照国家有关规定对排放口和周边环境进行定期监测，《水污染防治法》对排污单位的监测要求也进行了细化。

《关于加快推进生态文明建设的意见》和《生态文明体制改革总体方案》均提出了完善污染物排放许可制，禁止无证排污和超标准、超总量排污。

《生态环境监测网络建设方案》关于重点污染源监测制度的框架规定为："各级环境保护部门确定的重点排污单位必须落实污染物排放自行监测及信息公开的法定责任，严格执行排放标准和相关法律法规的监测要求。国家重点监控排污单位要建设稳定运行的污染物排放在线监测系统。各级环境保护部门要依法开展监督性监测，组织开展面源、移动源等监测与统计工作。"同时对污染源监测的定位和作用进一步明确："实现生态环境监测与执法同步。各级环境保护部门依法履行对排污单位的环境监管职责，依托污染源监测开展监管执法，建立监测与监管执法联动快速响应机制，根据污染物排放和自动报警信息，实施现场同步监测与执法。"与环境质量监测相对应，重点污染源监督性监测和监管重心下移，加强对地方重点污染源监督性监测的管理。

《关于省以下环保机构监测监察执法垂直管理制度改革试点工作的指导意见》提出调整环境监测管理体制的具体要求。现有市级环境监测机构调整为省级环保部门驻市环境监测机构，省级和驻市环境监测机构主要负责生态环境质量监测工作。现有县级环境监测机构主要职能调整为执法监测，随县级环保局一并上收到市级，支持配合属地环境执法，形成环境监测与环境执法有效联动、快速响应，同时按要求做好生态环境质量监测相关工作。

概括起来，上述法律法规和中央文件对污染源监测提出四点要求：第一，污染源监测要能够支撑覆盖所有污染物监管制度的实施，排污许可制度是核心的制度，因此污染源监测必须要能够支撑判定排污许可持证单位是否依证排污；第二，污染源监测应与监管执法有效联动，因此污染源监测必须适应监管执法的特点，即监测要符合相关规范，满足执法对取证的要求；第三，污染源监测监管重心下移，由于基层监测基础和能力相对薄弱，要加强对基层的指导；第四，完善监督检查机制，加强对地方污染源监督性监测以及企业自行监测的监管。

1.2.2 生态环境保护重大制度对污染源监测提出新要求

（1）排污许可制度

《控制污染物排放许可制实施方案》（国办发〔2016〕81 号）明确了排污单位的监测责任和要求："实行自行监测和定期报告。企事业单位应依法开展自行监测，安装或使用监测设备应符合国家有关环境监测、计量认证规定和技术规范，保障数据合法有效，保证设备正常运行，妥善保存原始记录，建立准确完整的环境管理台账，安装在线监测设备的应与环境保护部门联网。企事业单位应如实向环境保护部门报告排污许可证执行情况，依法向社会公开污染物排放数据并对数据真实性负责。排放情况与排污许可证要求不符的，应及时向环境保护部门报告。"同时明确了许可证监管部门的执法监测职责：依证严格开展监管执法。依证监管是排污许可制实施的关键，重点检查许可事项和管理要求的落实情况，通过执法监测、核查台账等手段，核实排放数据和报告的真实性，判定是否达标排放，核定排放量。企事业单位在线监测数据可以作为环境保护部门监管执法的依据。按照"谁核发、谁监管"的原则定期开展监管执法，首次核发排污许可证后，应及时开展检查；对有违规记录的，应提高检查频次；对污染严重的产能过剩行业企业加大执法频次与处罚力度，推动去产能工作。现场检查的时间、内容、结果以及处罚决定应记入排污许可证管理信息平台。

为落实《控制污染物排放许可制实施方案》，原环境保护部印发了《排污许可证管理暂行规定》（环水体〔2016〕186 号），明确了排污许可证的申请、核发、实施、监管的各项规定。根据规定，排污单位自行监测作为排污许可证的重要载明事项，在申请和核发环节应明确自行监测方案和信息记录要求。在实施与监管环节，持证单位应按照排污许可证规定的监测点位、监测因子、监测频次和相关监测技术规范开展自行监测并公开，环境保护主管部门对排污单位是否按证排污进行监管执法。

可以看出，污染源监测是排污许可制度的重要组成部分。夯实污染源监测基础对于支撑排污许可制度的有效实施具有重要意义。

（2）环境保护税

2016 年 12 月 25 日，《中华人民共和国环境保护税法》审议通过，应税污染物的排放量核算方法优先采用监测数据法：纳税人安装使用符合国家规定和监测规范的污染物自动监测设备的，按照污染物自动监测数据计算；纳税人未安装使用污染物自动监测设备的，按照监测机构出具的符合国家有关规定和监测规范的监测数据计算。

环境保护税是通过经济手段刺激企业加强污染治理、减少污染物排放。环境保护税发挥作用的关键在于合适的税率和税基的准确计量。因此，为了支撑环境保护税的实施，污染源监测必须能够满足准确核算污染物排放量的需要。

（3）工业污染源全面达标排放计划

根据《国民经济和社会发展第十三个五年规划纲要》：实施工业污染源全面达标排放计划。2016 年，原环境保护部印发了《关于实施工业污染源全面达标排放计划的通知》（环环监〔2016〕172 号），提出："到 2017 年年底，钢铁、火电、水泥、煤炭、造纸、印染、污水处理厂、垃圾焚烧厂等 8 个行业达标计划实施取得明显成效，污染物排放标准体系和环境监管机制进一步完善，环境守法良好氛围基本形成。到 2020 年年底，各类工业污染源持续保持达标排放，环境治理体系更加健全，环境守法成为常态。"

这一方面要求污染源监测要涵盖全部污染指标，另一方面又要求进一步提高污染源监测的科学性和准确性，为全面达标计划提供数据支持和决策参考。另外，达标是动态的，还应该基于大数据分析对标准的制修订提供依据，科学推动标准进步，提升达标排放水平。

（4）总量控制制度

尽管我国环境保护已经开始向以环境质量改善为核心转变，总量控制制度相对弱化，但"十三五"期间，我国继续对化学需氧量、氨氮、二氧化硫、氮氧化物四项主要污染物实施总量控制，同时在重点区域、重点行业推进挥发性有机物（VOCs）排放总量控制，全国排放总量下降10%以上。

为满足新的总量控制制度要求，要进一步提高四项主要污染源监测的技术水平，并加大对VOCs监测分析方法的研究力度。

1.2.3 公众参与和保障公众安全对污染源监测提出新要求

（1）重污染天气应对

目前，我国重污染天气频发，环境管理和环境执法压力不断加大，对快速监测技术的需求不断提升。同时，由于无组织废气排放对空气质量影响明显，而我国目前对各无组织排放污染物的手工监测基本上采用了现场采样加实验室分析的技术路线方法。这种技术路线，既无法持续获得企业的无组织排放状况，也难以适应执法对快速监测结果的要求。因此，无论是有组织废气排放，还是无组织废气排放均对快速监测技术和仪器设备的研发提出新的要求。

（2）舆情应对

随着公众对环境质量的诉求、对环境污染的敏感性的不断提高，环境污染投诉、通过新媒体等方式曝光污染事件等不断增多，甚至有些污染事件引起了较大范围的社会关注，考验着各级政府的执政能力和公信力。为了应对舆情，需要对污染排放状况进行调查和评价。但是由于污染排放具有复杂性，潜在的污染物范围广、不确定性大，尤其是识别和确定特征性污染物的难度大，特征污染物的快速检测技术手段还有待发展。

（3）信息公开

为保障公众环境知情权，近年来我国一直在推进污染源监测信息公开，包括排污单位自行监测数据和政府部门监督性监测数据。信息公开下的污染源监测必须更加注重数据的质量控制，保证数据质量。同时，考虑到公众专业知识相对不足的情况，信息公开要不断提高信息获取的便捷性、信息内容的易懂性。

1.3　我国污染源监测管理框架现状

我国现在已经基本形成排污单位自行监测、政府部门监督管理、公众监督的污染源监测管理框架，见图 1-1。

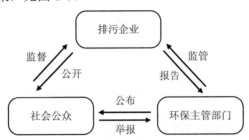

图 1-1　污染源监测管理框架体系示意图

1.3.1　加强排污单位自行监测及信息公开

2013 年，原环境保护部发布了《国家重点监控企业自行监测及信息公开办法（试行）》，并将国家重点监控企业自行监测及信息公开率作为主要污染物总量减排考核的一项指标。近年来，我国大力推进自行监测，《环境保护法》《大气污染防治法》《水污染防治法》《环境保护税法》等相关法律中均明确了排污单位自行监测的责任。但是由于企业自行监测处于起步阶段，实施情况并不是很理想。多数企业监测能力薄弱，甚至根本没有开展监测的能力，在自行监测指标完整性、数据质量准确性、公开及时性等方面都存在问题，有待继续完善。当前和今后一段时间，通过以下几方面的努力，可以强化排污单位自行监测及信息公开。

第一，进一步强化排污单位污染源排放监测中的主体地位。明确并不断强化排污单位应按照新修订的《环境保护法》的要求开展排放监测并向社会公开。通过宣传等多种形式不断改变排污单位和各级环境保护主管部门的意识，真正认识到排污单位在污染源监测中的主体地位。意识的转变对排污单位承担监测职责以及污染源监测主管部门工作的开展都将产生有益的促进作用。值得强调的是，自动监测是自行监测的一种方式，自动监测数据是自行监测数据的一种，自动监测设备应由排污单位自行运行和维护，以保证数据质量的可靠性。

第二，制定相关技术指南，规范排污单位自行监测行为。一方面，污染源监测的技术性较强，需要相关的技术指南指导排污单位开展监测；另一方面，监测数据的代表性直接受监测行为的影响，如监测时间、监测点位、监测时工况控制等，为使监测结果具有代表性，应对排污单位的监测行为进行规范。我国已经制定了一系列监测技术规范，包括采样、实验室分析等各环节，除此之外，自行监测技术指南的实施也可以直接指导排污单位自行监测的开展。

第三，加强排污单位数据质量控制，提升排污单位数据质量。排污单位数据质量控制可以分为三个层次。一是实验室层次的数据质量控制，这可以按照国家发布的相关技术规范实施；二是企业内部的数据质量控制，不同于实验室层面的控制，而是一方面根据企业的生产情况总体把握监测数据的合理性和可靠性以发现问题，另一方面通过对企业监测行为和实验室运行管理情况等进行全方面的审核以提高监测数据的质量；三是监测数据的外部质量控制，即环境保护主管部门对排污单位自行监测数据的监督检查。

第四，完善监测信息公开，为公众参与提供便利。针对目前排污单位自行监测数据公开零散，查询不便的现状，应不断完善，使得公众可以非常便利地获得排污单位排放信息，为公众监督提供条件。

1.3.2 优化监督性监测任务，强调测管协同

"十一五"和"十二五"时期，我国污染源监督性监测虽然在总量减排、环境执法、污染防治等环境管理重点工作中发挥了重要的作用，但是仍然存在一些问题。首先，污染源监督性监测在环境管理中的定位至今没有明确的规定。由于定位不清，难以将对污染源排放监管的要求转化为通过监测结果进行监督，降低了监督性监测数据的应用效果，制约了污染源监督性监测对环境管理支撑作用的发

挥。其次，由于环境管理对污染源监测的需求相对单一，污染源监督性监测差异性不高。从监测指标上来说，以各排污单位执行的排放标准为依据，以总量减排主要污染物为主，兼顾排放标准中规定的其他项目，排放标准中规定的项目以外的指标很少涉及。从监测频次上来说，总量减排主要污染物可以保证一年监测 4次，重金属污染物一年 6 次，其他排放标准中规定的项目多数企业一年监测 1~2次，也有部分企业只监测化学需氧量、氨氮、二氧化硫、氮氧化物等总量减排主要污染物指标。从不同地区对污染源排放监测的要求来看，基本是"一刀切"的管理模式，并未根据区域、流域特点进行差别化要求。

由于新修订的《环境保护法》明确了排污单位在污染源监测中的主体地位，污染源监督性监测则可以更好地发挥监督作用。因此，在不断强化企业自行监测及信息公开的同时，将进一步明确监督性监测的技术监督地位。通过对排污单位的抽测和自行监测全过程的检查；对排污单位自行监测数据质量和排放状况进行监督；对排污单位自行监测数据的质量提出意见；对排污单位自行监测工作的开展提出要求；对排污单位自行监测工作的改进提出指导，从而更好地推进排污单位自行监测。

另外，污染源监督性监测还应能够发挥技术执法的地位。监督性监测不应局限于末端排放的监测，而应完成监测开展时点"大生产工况"的调查，即完成从原辅材料使用、生产负荷、污染治理设施运行、监测时的辅助参数等影响污染物排放和监测结果的全流程数据收集和记录，并得到被监测单位主要责任人的确认，从而使得监督性监测数据符合作为执法证据的条件，能够直接被环境监察部门用于开展环境执法。

在明确了污染源监督性监测地位的基础上，应进一步优化污染源监督性监测方案，改变"一刀切"的管理模式。本着问题导向、突出重点的原则，各地可以根据质量目标管理的要求，对区域、流域内影响较大的污染源、污染物指标进行重点监测。对环境质量影响相对较小，超标不严重的污染物指标可降低监测频次。由于监督性监测的经费和人力都相对有限，应尽可能地集中发现解决一些突出问题。每年度按照重点关注某个重点行业或某项重点指标开展专项监测，通过监测结果发现和分析污染源排放状况，为环境管理提供更加深入和全面的支撑。

1.3.3　培育和提升公众参与能力

我国污染源量大面广，仅靠环境保护主管部门的监督远远不够，只有发动群众，实现全民监督，才能使得违法排污无处遁形。新修订的《环境保护法》更加明确地赋予了公众环保知情权和监督权："公民、法人和其他组织依法享有获取环境信息、参与和监督环境保护的权利。各级人民政府环境保护主管部门和其他负有环境保护监督管理职责的部门，应当依法公开环境信息、完善公众参与程序，为公民、法人和其他组织参与和监督环境保护提供便利。"尽管近年来我国公众的环保意识有了很大的提升，尤其是雾霾天气的频繁爆发很大程度上促进了环境保护领域公众参与的进步，但是在污染源排放监管方面，公众参与程度还很低，有待大幅提升。

首先，加强科普，提升公众监督能力。由于污染排放相对专业，对于公众来说难以透彻理解排污单位公布的排放信息。加强宣传，对公众进行科普，使得公众能够有能力对排污单位进行监督。

其次，优化信息公开的方式，更加便民和直观。除排污单位自行公开监测数据外，环境保护主管部门还应建设污染源监测信息公开平台，将污染源监督性监测、排污单位自行监测等数据进行整合，并通过电子地图等形式直观地展示给公众。

最后，完善公众参与途径。落实新修订的《环境保护法》的要求，为公众监督举报提供便利。考虑到污染源排放变化大，企业可操作空间大的问题，为保证公众监督的积极性，应明确排污单位的举证责任。

第 2 章　我国排污单位自行监测地位和管理现状

2.1　排污单位自行监测的定位

2.1.1　开展自行监测是构建政府、企业、社会共治的环境治理体系的需要

（1）环境治理体系变革的社会因素和主要表现

党的十九大报告中提出构建政府为主导、企业为主体、社会组织和公众共同参与的环境治理体系。环境治理体系变革是时代发展的必然，是社会发展的自我完善，是四十多年环境管理发展经验和教训的总结。

1）直接原因：传统生态环境治理模式亟待完善。多元共治的环境治理体系的提出和探索，既源自环境治理问题的复杂性，又源自传统生态环境治理模式的弊端。长期以来，我国更多采取以政府为主导的单一化管制型环境治理模式，实践证明，这种治理模式监管效果低效。因此，社会共治的环境治理体系是对传统生态环境治理模式的改进和提升。

2）内在驱动：第四次工业革命的影响。第四次工业革命是以互联网产业化、工业智能化、工业一体化为代表，以人工智能、清洁能源、无人控制技术、量子信息技术、虚拟现实以及生物技术为主的全新技术革命。以人工智能为代表的第四次工业革命给政府在环境治理领域的政策制定和执行带来新的挑战。公众参与

的便捷、社交媒体的影响、个体解决问题的能力，都对环境治理体系的重构产生内在驱动力，推动环境治理体系的改变。

3）时代需求：大数据时代和数据精准决策的要求。大数据作为新的技术手段和思维方式，打破了传统收集、整合、存储、处理、分析和可视化数据信息的方式，管理的定量化水平和决策的科学性提高，给环境管理逐渐向网络化和智能化转变带来新的机遇。新技术的发展，将真正实现面向现在和未来的数据精准决策。大数据时代，需要来自各方的多元数据输入，最大限度地解除数据垄断和减少信息源的缺失，从而提供更多维、更全面地支撑决策的信息。

4）外在表现：环境管理工作方式改变。李干杰部长指出，新的生态环境治理体系正在形成，在工作方式方法上从以自上而下为主，向自上而下、自下而上相结合转变，强化信息公开透明，发挥社会监督作用。多方参与、社会监督是新的环境管理工作方式的最大特点。

（2）对排污单位自行监测的要求

污染源监测是污染防治的重要支撑，同时也需要各方的共同参与。为适应环境治理体系变革的需要，自行监测应发挥相应的作用，补齐短板，提供便利，为社会共治提供条件。

改变传统生态环境治理模式中污染治理主体监测缺位现象。长期以来，污染源监测以政府部门监督性监测为主，尤其"十一五"和"十二五"总量减排时期，监督性监测得到快速发展，每年对国家重点监控企业按季度开展主要污染物监测，而排污单位在污染源监测中严重缺位。2013年，为了解决单纯依靠环保部门有限的人力和资源，难以全面掌握企业的污染源状况的情况，原环境保护部组织编制了《国家重点监控企业自行监测及信息公开办法（试行）》，大力推进企业开展自行监测。2014年以来，陆续修订的《环境保护法》《大气污染防治法》《水污染防治法》明确了排污单位自行监测责任和要求。但是，自行监测数据的法定地位，以及如何在环境管理中进行应用并没有得到明确，自行监测数据在环境管理中的应用更是十分不足，并没有从根本上解决排污单位在环境治理体系中监测缺位现象。新的环境治理体系中，应改变这一现状，使自行监测数据得到充分应用，这才能保持多方参与的生命力和活力。

为公众提供便于获取、易于理解的自行监测信息。公众是社会共治环境治理体系的重要主体，公众参与的基础是及时获取信息，自行监测数据是反映排放状况的重要信息。正如前文所述，社会的变革为公众参与提供了外在便利条件，为了提高自行监测在环境治理体系中的作用，就要充分利用当前发达的自媒体、社交媒体等各种先进、便利的条件，为公众提供便于获取、易于理解的自行监测数据和基于数据加工而成的相关信息，为公众高效参与提供重要依据。

2.1.2　开展自行监测是社会责任和法定义务

企业是最主要的生产者，是社会财富的创造者，企业在追求自身利润的同时，向社会提供了产品，并满足了人民的日常所需，推进了社会的进步。当然，在当代社会，由于企业是社会中普遍存在的社会组织，其数量众多、类型各异、存在范围广、对社会影响最大。在这种情况下，社会的发展不仅要求企业承担生产经营和创造财富的义务，还要求其承担环境保护、社区建设和消费者权益维护等多方面的责任，这也是企业的社会责任。企业社会责任具有道义责任的属性和法律义务的属性。法律作为一种调整人们行为的规则，其对人行为的调整是通过权利义务设置而实现的。因而，法律义务并非一种道义上的宣示，其有具体的、明确的规则指引人之行为。基于此，企业社会责任一旦进入环境法视域，其即被分解为具体的法律义务。

企业开展排污状况自行监测是法定的责任和义务。《环境保护法》第四十二条明确提出，"重点排污单位应当按照国家有关规定和监测规范安装使用监测设备，保证监测设备正常运行，保存原始监测记录"；第五十五条要求，"重点排污单位应当如实向社会公开其主要污染物的名称、排放方式、排放浓度和总量、超标排放情况，以及防治污染设施的建设和运行情况，接受社会监督"。《水污染防治法》第二十三条规定，"重点排污单位应当安装水污染物排放自动监测设备，与环境保护主管部门的监控设备联网，并保证监测设备正常运行。排放工业废水的企业，应当对其所排放的工业废水进行监测，并保存原始监测记录。具体办法由国务院环境保护主管部门规定"。《大气污染防治法》第二十四条规定，"企业事业单位和其他生产经营者应当按照国家有关规定和监测规范，对其排放的工业废气和本法第七十八条规定名录中所列有毒有害大气污染物进行监测，并保存原始监测记录。"

2.1.3 开展自行监测是自证守法和自我保护的重要手段和途径

作为固定污染源核心管理制度的排污许可制度明确了排污单位自证守法的权利和责任，排污单位可以通过以下途径进行"自证"。一是应依法开展自行监测，保障数据合法有效，妥善保存原始记录；二是建立准确完整的环境管理台账，记录能够证明其排污状况的相关信息，形成一整套完整的证据链；三是定期、如实向环保部门报告排污许可证执行情况。可以看出，自行监测贯穿自证守法的全过程，是自证守法的重要手段和途径。

首先，随着管理模式的改变，不再由管理部门说清楚排污单位的排放状况，而由排污单位进行说明，这就需要开展监测。

其次，一旦出现排污单位对管理部门出具的监测数据或其他证明材料存在质疑，或者对公众举报等相关信息提出异议时，就需要有足以说明自身排污状况的相关材料进行证明，这种情况下自行监测数据是非常重要的证明材料。

最后，开展自行监测对自身排污状况定期监控，同时加上必要的周边环境质量影响监测，及时掌握自身实际排污水平和对周边环境质量的影响，以及周边环境质量的变化趋势和承受能力，可以及时识别潜在环境风险，以便提前应对，避免引起更大的、无法挽救的环境事故，对人民群众、生态环境和排污单位自身造成巨大的损害和损失。

2.1.4 开展自行监测是精细化管理和大数据时代信息输入与信息产品输出的需要

随着环境管理向精细化的发展，强化数据应用、根据数据分析识别潜在的环境问题，做出更加科学精准的环境管理决策是环境管理面临的重大命题。大数据时代信息化水平的提升，为监测数据的加工分析提供了条件，也对数据输入提出了更高需求。

自行监测数据承载了大量污染排放和治理信息，然而长期以来并没有得到充分的收集和利用，这是生态环境大数据中缺失的一项重要信息源。通过收集各类污染源长时间序列的监测数据，对同类污染源监测数据进行统计分析，可以更全面地判定污染源的实际排放水平，从而为制定排放标准、产排污系数提供科学依据。另外，通过监测数据与其他数据的关联分析，还能获得更多、更有价值的其他信息，为环境管理提供更有力的支撑。

2.2 排污单位自行监测管理规定

我国现行法律法规、管理办法中有很多涉及排污单位自行监测的相关管理规定，具体见表 2-1。

表 2-1 我国现行与排污单位自行监测相关的法律法规和管理规定

名称	颁布机关	实施时间	主要相关内容
中华人民共和国环境保护法	全国人民代表大会常务委员会	2015.1.1	规定了重点排污单位应当安装使用监测设备，保证监测设备正常运行，保存原始监测记录，并进行信息公开
中华人民共和国环境保护税法	全国人民代表大会常务委员会	2018.1.1	规定了纳税人按季申报缴纳时，向税务机关报送所排放应税污染物浓度值
中华人民共和国海洋环境保护法	全国人民代表大会常务委员会	2000.4.1（2016.11.7修改）	规定了排污单位应当依法公开排污信息

名称	颁布机关	实施时间	主要相关内容
中华人民共和国水污染防治法	全国人民代表大会常务委员会	2008.6.1（2017.6.27修改）	规定了实行排污许可管理的企业事业单位和其他生产经营者应当对所排放的水污染物自行监测，并保存原始监测记录，排放有毒有害水污染物的还应开展周边环境监测，上述条款均设有对应罚则
中华人民共和国大气污染防治法	全国人民代表大会常务委员会	2016.1.1	规定了企业事业单位和其他生产经营者应当对大气污染物进行监测，并保存原始监测记录
城镇排水与污水处理条例	国务院	2014.1.1	规定了排水户应按照国家有关规定建设水质、水量检测设施
畜禽规模养殖污染防治条例	国务院	2014.1.1	规定了畜禽养殖场、养殖小区应当定期将畜禽养殖废弃物排放情况，报县级人民政府环境保护主管部门备案
企业信息公示暂行条例	国务院	2014.10.1	无
建设项目环境保护管理条例	国务院	2017.10.1	无
中华人民共和国环境保护税法实施条例	国务院	2018.1.1	规定了未安装自动监测设备的纳税人，自行对污染物进行监测所获取的监测数据，符合国家有关规定和监测规范的，视同监测机构出具的监测数据作为计税依据
最高人民法院、最高人民检察院关于办理环境污染刑事案件适用法律若干问题的解释	最高人民法院最高人民检察院	2017.1.1	规定了重点排污单位篡改、伪造自动监测数据或者干扰自动监测设施的视为严重污染环境，并依据刑法有关规定予以处罚
生态环境监测网络建设方案	国务院办公厅	2015.7.26	规定了重点排污单位必须落实污染物排放自行监测及信息公开的法定责任，严格执行排放标准和相关法律法规的监测要求
关于深化环境监测改革 提高环境监测数据质量的意见	中共中央办公厅国务院办公厅	2017.9.21	规定了环境保护部要加快完善排污单位自行监测标准规范；排污单位要开展自行监测，并按规定公开相关监测信息，对存在弄虚作假行为要依法处罚；重点排污单位应当建设污染源自动监测设备，并公开自动监测结果

名称	颁布机关	实施时间	主要相关内容
大气污染防治行动计划	国务院	2013.9.10	规定了企业要主动公开污染物排放情况
水污染防治行动计划	国务院	2015.4.2	规定了各类排污单位要开展自行监测，并依法向社会公开排放信息
土壤污染防治行动计划	国务院	2016.5.28	规定了土壤环境重点监管企业每年要自行对其用地进行土壤环境监测，结果向社会公开；加强对矿产资源开发利用活动的辐射安全监管，有关企业每年要对本矿区土壤进行辐射环境监测
关于支持环境监测体制改革的实施意见	财政部环境保护部	2015.11.2	规定了落实企业主体责任，企业应依法自行监测或委托社会化监测机构开展监测，及时向环保部门报告排污数据，重点企业还应定期向社会公开监测信息
"十三五"生态环境保护规划	国务院	2016.11.24	规定了工业企业要开展自行监测，属于重点排污单位的还要依法履行信息公开义务，全面实行在线监测
"十三五"节能减排综合工作方案	国务院	2016.12.20	规定了强化企业污染物排放自行监测和环境信息公开，2020 年企业自行监测结果公布率保持在 90% 以上
控制污染物排放许可制实施方案	国务院办公厅	2016.11.10	规定了企事业单位应依法开展自行监测，安装或使用监测设备应符合国家有关环境监测、计量认证规定和技术规范，建立准确完整的环境管理台账，安装在线监测设备的应与环境保护部门联网
环境监测管理办法	国家环境保护总局	2007.9.1	规定了排污者必须按照国家及技术规范的要求，开展排污状况自我监测；不具备环境监测能力的排污者，应当委托环境保护部门所属环境监测机构或者经省级环境保护部门认定的环境监测机构进行监测
"十二五"主要污染物总量减排监测办法	环境保护部、国家统计局、国家发展和改革委员会、监察部	2013.1.24	①排污单位应当制定自行监测方案，对污染物排放状况和污染防治设施运行情况开展自行监测和监控，保存原始记录，建立相关台账；②对于国家总量控制指标自行监测采用手工监测的，每日至少开展一次。采用自动监测的，按照相关规定执行；③排污单位不具备自行监测

名称	颁布机关	实施时间	主要相关内容
"十二五"主要污染物总量减排监测办法	环境保护部、国家统计局、国家发展和改革委员会、监察部	2013.1.24	能力的,应当委托有相应资质的监测(检测)机构进行监测;④纳入各地年度减排计划且向水体集中直接排放污水的规模化畜禽养殖场(小区),每月至少开展一次自行监测;⑤纳入国家重点监控规模化畜禽养殖场名单的,应当安装化学需氧量和氨氮自动监测设备,并与环境保护主管部门联网;⑥企业应及时公开自行监测结果,采取手工监测的,应当在每次监测完成后的次日公布监测结果。采取自动监测的,应当实时公布监测结果
关于加强化工企业等重点排污单位特征污染物监测工作的通知	环境保护部办公厅	2016.9.20	①化工企业等排污单位应制订自行监测方案,对污染物排放及周边环境开展自行监测,并公开监测信息;②监测内容应包含排放标准的规定项目和涉及的列入污染物名录库的全部项目;③监测频次,自动监测的全天连续监测,手工监测的,废水特征污染物每月开展一次,废气特征污染物每季度开展一次,周边环境监测按照环评及其批复执行,可根据实际情况适当增加监测频次
污染源自动监控设施现场监督检查办法	环境保护部	2012.4.1	①排污单位或运营单位应当保证自动监测设备正常运行;②污染源自动监控设施发生故障停运期间,排污单位或者运营单位应当采用手工监测等方式,对污染物排放状况进行监测,并报送监测数据
环境保护主管部门实施限制生产、停产整治办法	环境保护部	2015.1.1	规定了被限制生产的排污者在整改期间按照环境监测技术规范进行监测或者委托有条件的环境监测机构开展监测,保存监测记录,并上报监测报告
关于实施工业污染源全面达标排放计划的通知	环境保护部	2016.11.29	①各级环保部门应督促、指导企业开展自行监测,并向社会公开排放信息;②对超标排放的企业要督促其开展自行监测,加密对超标因子的监测频次,并及时向环保部门报告;③企业应安装和运行污染源在线监控设备,并与环保部门联网

名称	颁布机关	实施时间	主要相关内容
企业事业单位环境信息公开办法	环境保护部	2015.1.1	规定了重点排污单位应当公开排污信息,列入国家重点监控企业名单的重点排污单位还应当公开其环境自行监测方案
关于印发《国家重点监控企业自行监测及信息公开办法（试行）》和《国家重点监控企业污染源监督性监测及信息公开办法(试行)》的通知	环境保护部	2014.1.1	规定了企业开展自行监测及信息公开的各项要求,包括自行监测内容、自行监测方案内容、对手工监测和自动监测两种方式开展的自行监测分别提出了监测频次要求、自行监测记录内容、自行监测年度报告内容、自行监测信息公开的途径内容及时间要求等
关于加强污染源环境监管信息公开工作的通知	环境保护部	2013.7.12	规定了各级环保部门应积极鼓励引导企业进一步增强社会责任感,主动自愿公开环境信息。同时严格督促超标或者超总量的污染严重企业,以及排放有毒有害物质的企业主动公开相关信息,对不依法主动公布或不按规定要求公布的要依法严肃查处

注：截至 2018 年 1 月 31 日。

2.3　排污单位自行监测实施现状

2.3.1　自行监测发挥作用的关键要素分析

（1）让排污单位"测起来",为自行监测发挥作用提供基础

排污单位依法依规开展监测,是自行监测发挥作用的前提。推进排污单位自行监测,可以为改变说不清污染源排放状况提供条件,为清晰界定各方责任提供基础。长期以来,说清污染源排放状况的主要责任由环保部门承担,这致使一系列矛盾不断凸显,促使各责任主体承担应有的职责,为了解决单纯依靠环保部门有限的人力和资源,难以全面掌握企业的污染源状况,推进排污单位自行监测是社会发展的需要。排污单位在对生产、污染治理设施运行负责的同时,应通过排

放监测说清楚污染物排放状况，这可以为说清污染源排放状况提供条件。

（2）把自行监测"管起来"，为自行监测发挥作用提供保障

排污单位高质量开展自行监测，是自行监测发挥作用的基础。保证自行监测质量，就必须加强对自行监测活动的监管，检查排污单位的监测方案是否符合管理要求，监测活动是否严格按照监测技术规范和技术方法执行，监测过程是否有严格的质量控制。只有对自行监测全过程加强监管，确保监测数据的有效性，才能保证其能够应用于各项管理活动。

（3）把自行监测数据"用起来"，为自行监测发挥作用提供动力

只有充分应用自行监测数据，才能确保自行监测有生命力，才能促进自行监测的不断完善。自行监测数据可以在多个层面进行应用。

首先，在环境管理中进行应用。在排放监管、排放量核算等各项管理活动中对自行监测数据进行甄别性应用，让排污单位自行监测数据真正发挥作用，既提高自行监测的实效，也促进排污单位积极开展监测。

其次，应用于公众参与和监督。公众是社会共治环境治理体系的重要主体，公众参与的基础是及时获取信息，自行监测数据是反映排放状况的重要信息。社会的变革为公众参与提供了外在便利条件，为了提高自行监测在环境治理体系中的作用，就要充分利用当前发达的自媒体、社交媒体等各种先进、便利的条件，为公众提供便于获取、易于理解的自行监测数据和基于数据加工而成的相关信息，为公众高效参与提供重要依据。

最后，利用生态环境大数据分析加强自行监测数据的应用。自行监测数据承载了大量污染排放和治理信息，通过大数据分析，挖掘污染治理和排放规律，可为科学制定环境管理政策提供参考。

2.3.2 自行监测实施情况与存在的问题

（1）自行监测开展情况不够理想

2013 年，原环境保护部组织编制了《国家重点监控企业自行监测及信息公开

办法（试行）》，大力推进企业开展自行监测。2014 年以来，陆续修订的《环境保护法》《大气污染防治法》《水污染防治法》明确了排污单位自行监测责任和要求。尽管法律已经明确了排污单位开展自行监测的法律责任，但是从实际情况来看，除了国控重点企业自行监测开展情况相对较好外，其他重点排污单位自行监测开展情况并不理想。即便是自行监测开展情况相对较好的国控重点企业，也存在监测点位、监测指标覆盖不全、监测频次不够合理的问题。究其原因，一方面哪些单位需要开展自行监测还不够明确，另一方面自行监测要求不够确定，从而影响了自行监测的推进进展。

（2）企业的认识转变需要时间

以政府为主导的单一化管制型环境治理模式下，企业已经习惯了由管理部门来判定其排放状况，既没有提供真实信息的意愿，也没有争取权利的意识。

不敢提供真实信息。在"猫捉老鼠"式的监管模式下，为了减少环保处罚，企业更习惯于"文过饰非"，掩盖污染治理和排放不够完美的表现。同时，由于对各类超标或违法排污的行为界定不够清晰明确，处罚标准不够细致，企业更倾向于减少"暴露问题"，从而最大限度降低处罚风险。实际上，正是因为企业不敢提供真实信息，管理部门或公众只能拿到企业排放良好的证明材料，一旦面对环境质量无法改善的困境时，社会上的第一反应就是加严标准，这又加剧了企业无法达标的处境，造成恶性循环。

在数据出现质疑时，企业不敢跟管理部门"对质"。无论是对政府部门出具的包括监测数据在内的处罚依据材料存疑，还是面对政府部门质疑包括自行监测数据在内的企业自证材料，企业往往选择"忍气吞声"，不愿或不敢跟管理部门"对质"。虽掌握大量监测数据，却无法争取自己的权利，致使企业监测的动力大大降低，也无法真正发挥自行监测的意义。

（3）政府部门的监管能力有待提升

长期以来，政府部门对排污单位的管理主要限于排污状况和治理行为，自行监测的监管几乎处于空白的状态。排污单位自行监测数据质量控制监管体系基本处于空白。尽管相关规定要求排污单位需将自行监测方案报送环境保护主管部门备案，将监测结果在环保部门指定的网站上公布，但环保部门尚未对其监测过程及监测结果开展监督检查，排污单位监测数据质量尚处于未监管的状态。自行监测数据用于环境管理的基础仍然有待加强。目前，针对排污单位自行监测监督检查的管理规定和技术文件几乎为空白。通过检查哪些关键内容才可以对企业自行监测数据质量进行有效的控制，如何开展相关检查，这些都有待进一步研究和明确。

（4）自行监测数据的法定地位有待明确

自行监测数据的法定地位，如何在环境管理中进行应用，并没有得到明确，自行监测数据是否可以作为执法依据、是否可以作为判断企业依证排污的证据尚存在很大争议，自行监测数据在环境管理中的应用更是不足，并没有从根本上解决排污单位在环境治理体系中监测缺位现象。如果不能合理界定自行监测数据的法律地位，就无法对自行监测数据进行有效应用，这就影响了自行监测数据支撑环境管理的意义。

（5）信息公开有待科学设计

加强公众参与是充分发挥自行监测作用的重要手段。然而污染源监测相对专业，需要加强研究，将复杂的污染源监测数据转化为公众可理解的环境信息。目前自行监测数据公开方式较为简单，仅是机械地公布所有监测数据，除了能够通过计算得到单个时间点的单项污染物指标是否超标外，无法获得更有价值的信息。为了提高信息公开的效果，让公众真正高效参与，就需要对信息公开进行科学设计。如何公开，公开什么内容，如何能够将长时间序列、多污染因子的信息整合成为某一项简单易操作的指数信息，如何体现行业特征、地区特征，这些信息如何与区域环境质量、管理水平相结合，这都是目前信息公开尚未解决的内容。

2.4　排污单位自行监测发展方向

2.4.1　依托排污许可制度，逐个行业推进自行监测法律要求切实落地

目前我国实施的排污许可制度中明确载明排污单位自行监测要求，这是首个对排污单位提出明确管理要求的环境保护制度。推进排污单位自行监测应以排污许可制度为重要抓手，按照排污许可制度的推进进展，逐个行业推进排污单位自行监测，对于持有排污许可证的企业，不按监测方案开展监测的进行重点监管，从而使法律要求切实得到落实。

2.4.2　强化激励处罚机制，促进排污单位提供真实性监测信息

近几年自行监测改革力度很大，排污单位自行监测上升到前所未有的地位。与此同时，自行监测数据质量能否保证，自行监测在环境监管中能否发挥作用也广受关注。在这样的大环境下，排污单位是否能够提供真实的监测信息，真正参与到环境治理体系中非常关键。如果排污单位刻意隐瞒真实信息，或者不敢以高质量监测信息有效发声，那么自行监测必然无法在环境管理中发挥作用，那么自行监测的改革就会以失败而告终。因此，应加强自行监测的激励和处罚。对于严格按照规范开展自行监测的，应明确质量较高的自行监测数据在环境管理中的应用方式，使保证监测数据质量、提供真实监测信息的排污单位受益，能够真正参与到环境治理体系中来，从而为推动多方共治的环境治理体系发展提供条件。对于未按要求开展监测的，依法进行处罚；对于监测过程不规范，数据质量不受控的，监测数据不得应用于管理。同时，定期公开自行监测监督检查情况，并将自行监测开展状况与环保税征收、企业信用评级等挂钩。

2.4.3　政府的监管重心应由监管排污向监管排污和监管自行监测行为并重转变

在自行监测广泛开展、充分发挥排污单位主体地位的大环境下，政府部门的管理模式也应发生相应的改变。就排放监管而言，以往政府部门的重心在于监管排污本身，无论是对生产状况、治理设施运行情况的检查，还是对末端排放的监测，其主要目的是在于判定排污单位是否依法治污、达标排放。排污单位自行监测、自证守法之后，政府部门应同时加强对自行监测行为的监管，通过监督管理促使企业依法依规开展自行监测。通过对自行监测行为的监管，可以对企业产生持久的威慑力，可获得有效的监测数据积累，为各项管理和大数据分析提供数据基础，从而产生更大的社会和环境效益。

具体来说，管理部门应从以下三个方面加强监管。

一是开展自行监测实施情况的监督检查。检查排污单位的监测方案是否全面合理，是否能够反映排污单位实际排放状况；检查排污单位是否按照最新监测方案开展自行监测；检查排污单位自行监测质量控制与质量保证措施是否完备等。自行开展监测的，应检查排污单位是否具备开展相应监测活动的能力；委托监测的，应检查承担监测任务的机构是否具有相应的资质。

二是加强自行监测数据质量检查核查。环保部门应每年对辖区内重点污染源开展一次自行监测的全面质量核查，核查内容包括监测过程规范性、信息记录全面性、监测结果的合理性等各个方面。通过核查，对企业监测开展情况进行综合评价，提出完善自行监测及质量控制的相关建议，促进企业监测数据质量的提升。

三是做好监测数据的联网报送工作。依托全国污染源监测数据管理与信息共享系统，督促排污单位依法报送污染源监测数据，并向相关业务部门和业务系统推送共享。一方面，便于更好开展监测数据信息公开，为公众监督提供便利，提高政府监管效率；另一方面，利于监测数据的分析应用，从而更好地服务管理决策。

2.4.4　科学设计信息公开内容和方式，为同行监督、社会参与提供便利条件

面对如此量大面广、数据量庞大的自行监测数据网络，除了从信息获取便利性上加强研究和设计外，还应该加强对信息公开内容的研究和设计。单个企业层面，同时公布企业的原始监测结果和本企业长时间尺度的监测统计信息；从行业和区域层面，加强对监测数据与行业、区域的经济、社会等其他信息的关联指标发布。除此之外，开发污染源监测指数信息，用 1～2 个便于理解的综合性指标总体反映一个企业、一个行业、一个区域的污染源排放状况和监测开展状况，从而对公众参与提供一个明确的、直观的信号。

2.4.5　落实自行监测数据质量主体责任

保证监测数据质量就是要保证监测数据的准确性、全面性、代表性。保证监测数据准确性，就要严格按照监测规范开展监测活动，并如实记录监测结果；保证监测数据全面性，就要在设计监测方案时，全面考虑排放状况，确保监测结果能够全面反映污染排放状况；保证监测数据代表性，就要在设计监测方案和开展监测活动时，充分考虑监测频次和监测时点能否反映实际排放状况。

排污单位为落实自行监测数据质量主体责任，应查清本单位的污染源、污染物指标及潜在的环境影响，制定监测方案，设置和维护监测设施，按照监测方案开展自行监测，做好质量保证和质量控制，记录和保存监测数据，依法向社会公开监测结果。

首先，制定监测方案。制定监测方案，核心是监测指标、监测点位、监测频次的确定。自行监测技术指南系列标准为排污单位制定监测方案提供了技术指导。2017 年 4 月发布的《排污单位自行监测技术指南　总则》（HJ 819—2017），提出了自行监测方案制定方法。陆续发布的各行业自行监测技术指南中，根据行业特点提出了各行业最低监测要求。排污单位可参照相应的自行监测技术指南制定适

合自身特点的监测方案。

其次，开展监测并做好质量控制。排污单位应按照最新的监测方案开展监测活动。我国当前已经发布了一系列关于污染源监测的技术规范，这些技术规范对于自行监测活动的开展同样适用。排污单位可根据自身条件和能力，利用自有人员、场所和设备自行监测；也可委托其他有资质的社会化监测机构代其开展监测。开展自行监测时，排污单位应做好质量控制工作，保证监测数据质量。承担监测活动的监测机构、人员、仪器设备、监测辅助设施和实验室环境都应符合具体监测活动的要求。应开展监测方法技术能力验证，确保具体监测人员实际操作能力可以满足自行监测工作需求，能够承担测试工作。除此之外，排污单位还应制定具体的质量控制、质量保证措施，提升监测数据质量。

再次，记录和保存监测信息。排污单位应记录和保存完整的原始记录、监测报告，以备管理部门检查和公众监督的需要。完整的原始记录，有助于还原监测活动开展情况，从而对监测数据真实性、可靠性进行评估。这既是排污单位自证数据质量的需要，也是管理部门检查的需要。监测信息应与相关管理台账同步记录，从而可以实现监测数据与生产、污染治理相关信息的交叉验证，提升监测数据和相关台账的有效性。排污单位自行监测技术指南、排污许可证申请与核发技术规范等相关国家环境保护标准中对监测信息记录、管理台账记录提出了具体要求，排污单位应参照相应的标准开展信息记录，并保持备查。

最后，公开监测结果。公开监测数据，接受公众监督，既是排污单位应尽的法律责任，也是提升监测数据质量的重要促进因素。排污单位应按照信息公开要求，及时全面公开监测结果。

第3章　我国排污单位自行监测技术指南体系介绍

3.1　排污单位自行监测技术指南定位

3.1.1　排污许可制度配套的技术支撑文件

党的十八届三中全会《关于全面深化改革若干重大问题的决定》中提出：完善污染物排放许可制。排污许可证制度，是国外比较普遍采用的控制污染的法律制度。从美国等发达国家实施排污许可制度的经验来看，监督检查是排污许可制度实施效果的重要保障，污染源监测是监督检查的重要组成部分和基础。自行监测是污染源监测的主体形式，自行监测的管理备受重视，自行监测要求作为重要的内容在排污许可证中进行载明。

排污许可制度在我国 20 世纪 80 年代作为新五项制度开始局部试点，近 30 年来，并没有在全国范围内统一实施。当前，我国正在借鉴国际经验，整合衔接现行各项管理制度，研究制定"一证式"管理的排污许可制度，将其建设成为固定点源环境管理的核心制度。

我国当前研究推行的排污许可制度中，明确了由企业"自证守法"，其中自行监测是排污单位自证守法的重要手段和方法。只有在特定监测方案和要求下的监测数据才能够支撑排污许可"自证"的要求。因此，在排污许可制度中，自行监测要求是必不可少的一部分。

重点排污单位自行监测法律地位得到明确，自行监测制度初步建立，而自行监测的有效实施还需要有配套的技术文件作为支撑，排污单位自行监测指南是基础而重要的技术指导性文件。因此，制定排污单位自行监测指南是落实相关法律法规的需要。

3.1.2 对现有标准和管理文件中关于排污单位自行监测规定的补充

对每个排污单位来说，生产工艺产生的污染物、不同监测点位执行排放标准和控制指标、环评报告要求的内容都有不同情况及独特内容。虽然各种监测技术标准与规范已从不同角度对排污单位的监测内容做出了规定，但不够全面。

监测频次是监测方案的核心内容，现有标准规范对监测频次规定不全。以造纸工业企业为例，《制浆造纸工业水污染物排放标准》（GB 3544—2008）中仅规定了二噁英 1 年开展 1 次监测，未涉及其他污染物指标的监测频次；《建设项目竣工环境保护验收技术规范 造纸工业》（HJ/T 408—2007）仅对验收监测期间的监测频次进行了规定，且频次过高，不适用于日常监测要求；《环境影响评价技术导则 总纲》（HJ 2.1—2011）仅规定要对建设项目提出监测计划要求，缺少具体内容；《国家重点监控企业自行监测及信息公开办法（试行）》对国控企业的监测频次提出部分要求，但是作为规范性管理文件，规定的相对笼统，无法满足量大面广的造纸工业企业自行监测方案编制要求。在我国，造纸工业属于管理相对规范的行业，其他管理基础相对薄弱的行业问题更加突出。

为提高监测效率，应针对不同排放源污染物排放特性确定监测要求。监测是污染排放监管必不可少的技术支撑，具有重要的意义，然而监测是需要成本的，应在监测效果和成本间寻找合理的平衡点。"一刀切"的监测要求，必然会造成部分排放源监测要求过高，从而引起浪费；或者对部分排放源要求过低，从而达不到监管需求。因此，需要专门的技术文件，从排污单位监测要求进行系统分析，进行系统性设计，提高监测要求的精细化要求，提高监测效率。

3.1.3　对排污单位自行监测行为指导和规范的技术要求

我国从 2014 年以来开始推行国家重点监控企业自行监测及信息公开，从实施情况来看，存在诸多问题，需要加强对排污单位自行监测行为的指导和规范。

污染源监测与环境质量监测相比，涉及的行业多样，监测内容更复杂。国家规定的污染物排放标准数量众多，我国现行国家污染物排放（控制）标准达到 150 余项，省级人民政府依法制定并报环境保护部备案的地方污染物排放标准总数达到 120 余项；标准控制项目种类繁杂，如现行标准规定的水污染物控制项目指标总数达 124 项，与美国水污染物排放法规项目指标总数（126 项）相当。

对每个排污单位来说，生产工艺产生的污染物、不同监测点位执行排放标准和控制指标、环评报告要求的内容都有不同情况及独特内容。虽然各种监测技术标准与规范已从不同角度对排污单位的监测内容做出了规定，但是由于国家发布的有关规定必须有普适性、原则性的特点，因此排污单位在开展自行监测过程中如何结合企业具体情况，合理确定监测点位、监测项目和监测频次等实际问题上面临着诸多疑问。

原环境保护部在对全国各地区自行监测及信息公开平台的日常监督检查及现场检查等工作中发现，部分排污单位自行监测方案的内容、监测数据结果的质量稍差，存在排污单位未包括全部排放口、监测点位设置不合理、监测项目仅开展主要污染物、随意设置排放标准限值、自行监测数据弄虚作假等问题，因此应进一步加强对企业自行监测的工作指导和规范行为，为监督监管企业自行监测提供政策和技术支撑，因此需要建立和完善企业自行监测相关规范内容。为解决企业开展自行监测过程中遇到的问题，加强对企业自行监测的指导，有必要制定自行监测技术指南，将自行监测要求进一步明确和细化。

3.2　排污单位自行监测技术指南体系设计

排污单位自行监测指南体系以《排污单位自行监测技术指南　总则》为统领，包括一系列重点行业分行业排污单位自行监测技术指南。

3.2.1　分行业制定排污单位自行监测技术指南的必要性

我国作为制造业大国，排污单位种类和数量繁多，污染物排放特征差异大。为提高对排污单位自行监测指导的针对性和确定性，应根据行业产排污具体情况，分行业制定排污单位自行监测指南，对差异较大的行业企业自行监测的开展需分别进行指导。

首先，不同行业污染源差异大，主要污染源及主要污染因子均不同，与之相应的自行监测方案也差异明显。监测点位、监测指标、监测频次等监测方案中的关键内容均是根据污染源及排放因子的特征确定的，由于不同行业排污节点迥异，排放图谱千差万别，对环境的影响各不相同，监测点位、指标、频次都有很大差别。根据行业具体情况制定行业企业自行监测指南可以提出针对性要求，可以提高针对性和可操作性。

其次，工况及相关参数监测和收集要求差异大，相关内容的记录和报告的要求也不尽相同。核查工况、收集相关参数的目的是为了更好地说清企业的排污状况，不同行业由于与污染物排放相关的工况和参数指标是不同的。要说清不同行业应收集哪些信息，如何收集，分别应记录和上报哪些指标，这些必须分行业来进行梳理分析，以行业排污单位自行监测指南的形式可以更好、更清楚、更确定地将这些内容说清楚。

3.2.2　《排污单位自行监测技术指南　总则》的定位和意义

《排污单位自行监测技术指南　总则》在排污单位自行监测指南体系中属于纲

领性的文件，起到统一思路和要求的作用。

首先，制定分行业《排污单位自行监测技术指南》之前，为了提高规定的一致性，先制定《排污单位自行监测技术指南　总则》，对总体性原则进行规定，作为分行业排污单位自行监测技术指南的参考性文件。

其次，对于行业排污单位自行监测指南中必不可少，但要求比较一致的内容，可以在总则中进行体现，在分行业排污单位自行监测指南中加以引用，既保证一致性，也减少重复。

最后，对于部分污染差异大、企业数量少的行业，单独制定行业排污单位自行监测指南意义不大，这类行业企业可以参照《排污单位自行监测技术指南　总则》开展自行监测。行业排污单位自行监测指南未发布的，也应参照《排污单位自行监测技术指南　总则》开展自行监测。

3.2.3　行业排污单位自行监测技术指南的主要考虑

目前环境保护相关的技术规范和标准中，对行业的划分主要是以《国民经济行业分类》（GB/T 4754）为基础的。排放标准和《清洁生产标准》中对行业的划分是在《国民经济行业分类》的基础上进一步根据产品或工艺的不同进行细分，但二者行业分类并不完全对应，《清洁生产标准》对行业的划分相对更细。《环境影响评价技术导则》由于涵盖的范围比较广，涉及生态、大型基础设施建设等项目，在分类上主要是根据项目类型为依据的。其中工业项目部分，目前颁布的导则还比较少，总体上是以《国民经济行业分类》为基础的。《环保验收技术规范》是以《国民经济行业分类》为基础划分的，对于部分相对复杂的大类行业，如石油加工行业，行业内不同企业还存在比较大差异的，又进行了进一步的细分。在排污单位自行监测指南体系中，也以《国民经济行业分类》为基础同时进行必要的细分和合并。根据行业排污环节、生产工艺的差异性，依次考虑按照行业大类、中类、小类为单元划分行业，对于不同大类、中类或小类行业之间相同性较大、能够合并的则在同一行业排污单位自行监测指南中进行规定。对于小类行业仍无法满足需求的，可以考虑进一步按照产品或工艺进行细分。另外，污水处理厂也作为单独一个行业进行考虑。

3.3 排污单位自行监测技术指南的主要内容

（1）《排污单位自行监测技术指南　总则》（以下简称《总则》）的内容

《总则》的核心内容包括四个方面的内容：

一是自行监测的一般要求。即制定监测方案、设置和维护监测设施、开展自行监测、做好监测质量保证与质量控制、记录保存和公开监测数据的基本要求；

二是监测方案制定。包括监测点位、监测指标、监测频次、监测技术、采样方法、监测分析方法的确定原则和方法；

三是监测质量保证与质量控制。从监测机构、人员、出具数据所需仪器设备、监测辅助设施和实验室环境、监测方法技术能力验证、监测活动质量控制与质量保证等方面的全过程质量控制；

四是信息记录和报告要求。包括监测信息记录、信息报告、应急报告、信息公开等内容。

（2）行业自行监测技术指南的内容

对于单个行业，应同时考虑该行业企业所有废水、废气、噪声污染源的监测活动，在指南中进行统一规定。行业排污单位自行监测指南的核心内容要包括以下两个方面：

1）污染物监测方案。在指南中明确行业的监测方案。首先，明确行业的主要污染源，各污染源的主要污染因子。其次，针对各污染源的各污染因子提出监测方案设置的基本要求，包括点位、监测指标、监测频次、监测技术等。

2）数据记录、报告和公开要求。根据行业特点，各参数或指标与校核污染物排放的相关性，提出监测相关数据记录要求。

3.4　《排污单位自行监测技术指南　总则》的总体思路

（1）系统设计，全面指导

从开展自行监测的全过程进行梳理，系统性设计本标准的内容，力求对排污单位自行监测方案制定和监测开展提供全面的指导，具体体现在以下几个方面：

1）全指标。不限于主要污染物，将排污单位排放的所有污染物全面纳入考虑范围，包括排放标准、排污许可证、环境影响评价文件及其批复以及生产过程可能排放的有毒有害污染物。

2）全要素。对排污单位的水污染物、气污染物、噪声、固废等要素进行全面考虑。排污单位对环境的影响，可能通过气态污染物、水污染物或固废多种途径，单要素的考虑易出现片面的结论。同时，为了便于排污单位操作，在同一个标准中进行全面考虑，全面指导，更加便于理解和操作。

3）全对象。除了对重点排污单位进行重点考虑外，考虑到部分地方或部分企业的需求，非重点排污单位也可能有开展自行监测的需求，在本标准中对此进行了考虑，避免因为没有参照的依据，对非重点排污单位提出过高的要求，引起资源浪费。

4）全过程。按照排污单位开展监测活动的整个过程，从制定方案、设置和维护监测设施、开展监测、做好监测质量保证与质量控制、记录和保存监测数据的全过程各环节进行考虑。

（2）体现差异，突出重点

在具体内容上，针对不同的对象、要素、污染物指标、监测环节，主要体现在以下几个方面：

1）突出重点排污单位。尽管有非重点排污单位的监测要求，但本标准的整个制定过程中，均以重点排污单位为主要考虑对象，突出对重点排污单位的监测要求。

2）突出主要要素。根据监测的难易程度和必要性，重点对水污染物、大气污染物排放监测进行考虑。噪声监测仅提出一般性的原则；固废仅提出记录要求。

（3）有效衔接，查遗补漏

自行监测必须按照排放标准等各项管理规定执行，监测活动应遵循各项监测技术规范。对于已有标准和规范的内容，本标准不进行重复规定，而是与现有的规定和规范进行有效衔接。当前规定和规范中未进行明确的内容，又是自行监测必不可少的内容，在本标准中进行规定。

（4）立足当前，适度前瞻

为了提高可行性，本标准的制定立足于当前管理需求和监测现状。首先，对于国际上开展的监测内容，我国尚未纳入实际管理过程中的内容，本标准暂未进行规定。其次，对于管理有需求、但是技术经济尚未成熟的内容，在自行监测方案制定过程中，予以特殊考虑。最后，在具体内容设计时，对国内当前现状进行调研，对于当前基础较差的内容予以特别考虑。

同时，对于部分当前管理虽尚未明确的内容和已引起关注的内容，采取适度前瞻，为未来的管理决策提供信息支撑的原则，予以适当的考虑。

3.5 行业自行监测技术指南编制情况

根据《固定污染源排污许可分类管理名录（2017 年版）》和排污单位自行监测技术指南体系构建设计，重点行业自行监测技术指南编制情况见表 3-1。

表 3-1 重点行业自行监测技术指南编制情况

序号	指南名称	发布或预计发布时间
1	《排污单位自行监测技术指南 造纸工业》	2017 年 4 月
2	《排污单位自行监测技术指南 火力发电及锅炉》	2017 年 4 月
3	《排污单位自行监测技术指南 水泥工业》	2017 年 9 月
4	《排污单位自行监测技术指南 钢铁工业及炼焦化学工业》	2017 年 12 月

序号	指南名称	发布或预计发布时间
5	《排污单位自行监测技术指南　石油炼制工业》	2017 年 12 月
6	《排污单位自行监测技术指南　纺织印染工业》	2017 年 12 月
7	《排污单位自行监测技术指南　发酵类制药工业》	2017 年 12 月
8	《排污单位自行监测技术指南　化学合成类制药工业》	2017 年 12 月
9	《排污单位自行监测技术指南　提取类制药工业》	2017 年 12 月
10	《排污单位自行监测技术指南　城镇污水处理厂》	2018 年
11	《排污单位自行监测技术指南　有色金属冶炼》	2018 年
12	《排污单位自行监测技术指南　平板玻璃制造》	2018 年
13	《排污单位自行监测技术指南　氮肥制造》	2018 年
14	《排污单位自行监测技术指南　磷、钾、微、复合肥制造》	2018 年
15	《排污单位自行监测技术指南　石油化学》	2018 年
16	《排污单位自行监测技术指南　农副食品加工》	2018 年
17	《排污单位自行监测技术指南　制革及毛皮加工工业》	2018 年
18	《排污单位自行监测技术指南　电镀工业》	2018 年
19	《排污单位自行监测技术指南　农药制造》	2018 年
20	《排污单位自行监测技术指南　制药（中药类、混装制剂类、生物工程类）》	2018 年
21	《排污单位自行监测技术指南　酒、饮料制造》	2019 年
22	《排污单位自行监测技术指南　食品制造》	2019 年
23	《排污单位自行监测技术指南　喷涂》	2019 年
24	《排污单位自行监测技术指南　油墨制造》	2019 年
25	《排污单位自行监测技术指南　无机化学》	2019 年
26	《排污单位自行监测技术指南　化学纤维制造》	2019 年
27	《排污单位自行监测技术指南　电池制造》	2020 年
28	《排污单位自行监测技术指南　固体废物焚烧》	2020 年
29	《排污单位自行监测技术指南　人造板制造》	2020 年
30	《排污单位自行监测技术指南　橡胶和塑料制品》	2020 年

注：截至 2018 年 1 月。

第4章 自行监测的一般要求

4.1 制定监测方案

4.1.1 自行监测内容

排污单位自行监测不仅限于污染物排放监测，还应该围绕着说清楚本单位污染物排放状况、污染治理情况、对周边环境质量影响监测状况来确定监测内容。但考虑到排污单位自行监测的实际情况，排污单位可根据管理要求，逐步开展。

（1）污染物排放监测

污染物排放监测是排污单位自行监测的基本要求，包括废气污染物、废水污染物和噪声污染。废气污染物排放源，包括有组织废气污染物排放源，也包括无组织废气污染物排放源。废水污染物排放企业，包括直接排入环境的企业，即直接排放企业，也包括排入公共污水处理系统的间接排放企业。

（2）关键工艺参数监测

污染物排放监测需要有专门的仪器设备、人力物力，往往具有较高的经济成本。而污染物排放状况与生产工艺、设备参数等相关指标具有一定的关联关系，而这些工艺或设备相关参数的监测，有些是生产控制所必须开展监测的，有些虽然不是生产过程中一定开展监测的指标，但开展监测相对容易，成本较低。因此，在部分排放源或污染物指标监测成本相对较高，难以实现高频次监测的情况下，可以通过对与污染物产生和排放密切相关的关键工艺参数进行测试以补充污染物排放监测。

（3）污染治理设施处理效果监测

有些排放标准等文件对污染治理设施处理效果有限值要求，这就需要通过监测结果进行处理效果的评价。另外，在有些情况下，排污单位需要掌握污染处理设施的处理效果，从而可以更好地对生产和污染治理设施进行调试。因此，若污染物排放标准等环境管理文件对污染治理设施有特别要求的，或排污单位认为有必要的，应对污染治理设施处理效果进行监测。

（4）周边环境质量影响监测

排污单位应根据自身排放状况对周边环境质量的影响情况，开展周边环境质量影响状况监测，从而掌握自身排放状况对周边环境质量影响的实际情况和变化趋势。

《大气污染防治法》第七十八条规定，排放有毒有害大气污染物的企业事业单位，应当按照国家有关规定建设环境风险预警体系，对排放口和周边环境进行定期监测，评估环境风险，排查环境安全隐患，并采取有效的措施防范环境风险。《水污染防治法》第三十二条规定，排放有毒有害水污染物的企业事业单位和其他生产经营者，应当对排污口和周边环境进行监测，评估环境风险，排查环境安全隐患，并公开有毒有害水污染物信息，采取有效措施防范环境风险。

由于目前我国尚未发布有毒有害大气污染物名录和有毒有害水污染物名录，故排污单位可根据本单位实际自行确定监测指标和内容。污染物排放标准、环境影响评价文件及其批复或其他环境管理有明确要求的，排污单位应按照要求对其周边相应的空气、地表水、地下水、土壤等环境质量开展监测。相关管理制度没有明确要求的，排污单位应依据《大气污染防治法》《水污染防治法》的要求，根据实际情况确定是否开展周边环境质量影响监测。

4.1.2　自行监测方案内容

排污单位应当对本单位污染源排放状况进行全面梳理,分析潜在的环境风险,根据自行监测方案制定方法,制定能够反映本单位实际排放状况的监测方案,以此作为开展自行监测的依据。

监测方案内容包括:单位基本情况、监测点位及示意图、监测指标、执行标准及其限值、监测频次、采样和样品保存方法、监测分析方法和仪器、质量保证与质量控制等。

所有按照规定应开展自行监测的排污单位,在投入生产或使用并产生实际排污行为之前完成自行监测方案的编制及相关准备工作,一旦产生实际排污行为,就应当按照监测方案开展监测活动。

当有以下情况发生时,应变更监测方案:执行的排放标准发生变化;排放口位置、监测点位、监测指标、监测频次、监测技术任一项内容发生变化;污染源、生产工艺或处理设施发生变化。

自行监测方案制定的原则和方法可参照第 5 章内容。

4.2　设置监测设施

开展监测必须有相应的监测设施,为了保证监测活动的正常开展,排污单位应按照规定设置满足开展监测所需要的监测设施。

(1)监测设施应符合监测规范要求

开展废水、废气污染物排放监测,应保证监测数据不受监测环境的干扰,因此,废水排放口和废气监测断面、监测孔的设置都有相应的要求,要保证水流、气流不受干扰、混合均匀,采样点位的监测数据能够反映监测时点污染物排放的实际情况。

我国废水、废气监测相关标准规范中,对监测设施必须满足的条件有明确规定，排污单位可根据具体的监测项目，对照监测方法标准或技术规范确定监测设施的具体要求。但是，由于相关标准规范对监测设施的规定较为零散，不够系统，有些地方出台了专门的标准规范，对监测设施设置规范进行了全面规定，这可以作为排污单位设置监测设施的参考。如北京市出台了《固定污染源监测点位设置技术规范》（DB 11/1195—2015）。

（2）监测平台应便于开展监测活动

开展监测活动需要一定空间，有时还需要使用直流供电的仪器设备，排污单位应设置方便开展监测活动的平台。一是到达监测平台要方便，从而可以随时开展监测活动；二是监测平台空间要足够大，要能够保证各类监测设备摆放和人员活动；三是监测平台要备有需要的电源等辅助设施，从而保证监测活动开展所必需的各类仪器设备、辅助设备正常工作。

（3）监测平台应能保证监测人员的安全

开展监测活动的同时，必须能够保证监测人员的人身安全，因此监测平台要设有必要的防护设施。一是高空监测平台，周边要有足够保障人员安全的围栏，监测平台底部的空隙不应过大；二是监测平台附近有造成人体机械伤害、灼烫、腐蚀、触电等危险源的，应在平台相应位置设置防护装置；三是监测平台上方有坠落物体隐患时，应在监测平台上方设置防护装置；四是排放剧毒、致癌物及对人体有严重危害物质的监测点位应储备相应安全防护装备。所有围栏、底板、防护装置使用的材料，要符合相关质量要求，要能够承受最大估计的冲击力，从而保障人员的安全。

（4）废水排放量大于 100 t/d 的，应安装自动测流设施并开展流量自动监测

废水流量监测是废水污染物监测的重要内容，从某种程度上来说，流量监测比污染物浓度监测更为重要。流量监测易受环境影响，监测结果存在不确定性的问题是国际上普遍性的技术问题。但从总体上来说，流量监测技术日趋成熟，能够满足各种流量监测需要，且越来越能满足自动测流的需要。废水流量的监测方法多种多样，根据废水排放形式，流量监测针对明渠和管道可采用明渠流量计和

电磁流量计。明渠流量计中，三角堰适用于流量较小的情况，监测范围能够低至 1.08 m³/h，即能够满足 30 t/d 排放水平企业的需要。电磁流量计适用于管道排放的形式，对于流量范围适用性较广。根据环境统计数据，废水排放量大于 30 t/d 的企业数为 7.5 万家，约占 80%；废水排放量大于 50 t/d 的为 6.7 万家，约占 70%；废水排放量大于 100 t/d 的为 5.7 万家，约占 60%。从监测技术稳定性方面和当前的基础，本标准建议废水排放量大于 100 t/d 的企业采取自动测流的方式。

监测设施设置要求具体可参考第 6 章内容。

4.3 开展自行监测

排污单位应依据最新的自行监测方案，安排监测计划，开展相应的监测活动。对于排污状况或管理要求发生变化的，排污单位应变更监测方案，并按照新的监测方案实施监测活动。

开展监测活动的方法依据是选取的监测方法标准。根据具体的监测项目，应按照相应的监测方法标准，选择具体监测仪器设备，开展监测活动。我国监测方法标准有很多，一是生态环境部配套污染物排放标准，制定了一系列监测方法标准；二是我国有一些行业监测方法标准；三是国际上有一些监测方法标准并已被我国所采用。这些监测方法标准都可以用来开展监测，每项标准对监测适用条件、监测前处理要求、监测过程、质量控制要求等有具体规定，开展监测时，应遵循具体监测方法标准要求。

开展监测活动的规程和规范依据是监测技术规范。除了监测方法中的规定，我国还有一些系统性的监测技术规范，包括对监测全过程进行规范，或者专门针对监测的某个方面进行规范性技术规定。为了保证监测过程的规范性，从而保证监测数据的合规性，所有监测活动都应严格按照监测技术规范开展。

开展监测活动的机构和人员由排污单位根据实际情况决定。排污单位可根据自身条件和能力，利用自有人员、场所和设备自行监测；也可委托其他有资质的社会化监测机构代其开展自行监测。排污单位可以一部分项目开展自行监测，一部分项目委托其他社会化监测机构代其开展自行监测。对于利用自有人员、场所和设备自行监测的，不需要通过国家的相关资质认定，即检测报告不需要强制加盖 CMA 印章。对于委托其他机构代为检测的，所委托的机构必须通过资质认定，能够加盖 CMA 印章。由于资质认定是针对具体检测项目的，所以在选择社会化监测机构时，应对所选择的社会化监测机构是否具备相应检测项目的检测资质进行检查确认。同时，采样和分析都会影响监测结果的准确性，因此，所委托的社会化监测机构应同时具备采样和分析的资质，能够保证监测活动全流程都有资质保障。但由于部分社会化监测机构覆盖的检测项目有限，同一排污单位可以选择多家社会化监测机构，分别承担不同项目的检测任务。无论是开展自行监测，还是委托其他社会化监测机构，都应该按照国家发布的环境监测技术规范、监测方法标准开展监测活动。监测活动中相关的监测技术体系参照第 7 章的内容。

无论是排污单位自行监测，还是委托社会化监测机构开展监测，排污单位都应对自行监测数据真实性负责。如果社会化监测机构未按照相应技术规范、监测方法标准开展监测，或者存在造假等行为，排污单位可以依据合同追究所委托的社会化监测机构的责任。

4.4　做好监测质量保证与质量控制

无论是开展自行监测还是委托社会化监测机构开展监测，都应该根据相关监测技术规范、监测方法标准等要求做好质量保证与质量控制。

开展自行监测的排污单位应根据本单位自行监测的工作需求，设置监测机构，梳理监测方案制定、样品采集、样品分析、监测结果报出、样品留存、相关记录的保存等监测的各个环节，为保证监测工作质量应制定工作流程、管理措施与监督措施，建立自行监测质量体系。质量体系应包括对以下内容的具体描述：监测机构、人员、出具监测数据所需仪器设备、监测辅助设施和实验室环境、监测方法技术能力验证、监测活动质量控制与质量保证等。

委托其他有资质的社会化监测机构代其开展自行监测的，排污单位不用建立监测质量体系，但应对社会化监测机构的资质进行确认。

监测质量控制体系的构建可参照第 8 章的内容。

4.5　记录和保存监测数据

记录监测数据与监测期间的工况信息，整理成台账资料，以备管理部门检查。对于手工监测，应保留全部原始记录信息，全过程留痕。对于自动监测，除了通过仪器记录全面监测数据外，还应记录运行维护记录。另外，为了更好说清楚污染物排放状况，了解监测数据的代表性，应对监测数据进行交叉印证，形成完整证据链，还应详细记录监测期间的生产和污染治理状况。

排污单位应及时将监测信息对公众公开。排污单位公开监测数据是《环境保护法》赋予排污单位的法定责任，是排污单位应尽的社会责任，也是接受公众监督的基础。《企业事业单位环境信息公开办法》（环境保护部令　第 31 号）规定，重点排污单位应当通过其网站、企业事业单位环境信息公开平台或者当地报刊等便于公众知晓的方式公开环境信息，同时可以采取以下一种或者几种方式予以公开：公告或者公开发行的信息专刊；广播、电视等新闻媒体；信息公开服务、监督热线电话；本单位的资料索取点、信息公开栏、信息亭、电子屏幕、电子触摸屏等场所或者设施；其他便于公众及时、准确获得信息的方式。

2017 年 9 月，中共中央办公厅、国务院办公厅印发《关于深化环境监测改革提高环境监测数据质量的意见》，提出建立重点排污单位自行监测与环境质量监测原始数据全面直传上报制度。为落实该要求，同时配合排污许可制度实施的需要，国家开发了全国重点污染源监测数据管理与信息共享系统，重点排污单位和持有排污许可证的排污单位应该通过该系统报送自行监测数据。自行监测数据的具体报送方式可参照第 10 章的内容。

第 5 章 　监测方案的制定

5.1 　监测方案的制定思路和原则

5.1.1 　监测指标全覆盖

排污单位的监测不能仅限于个别污染物指标，而应能全面说清污染物的排放状况，至少应包括对应的污染源所执行的国家或地方污染物排放（控制）标准、环境影响评价报告书（表）及其批复、排污许可证等相关管理规定明确要求的污染物指标。确定外排口监测点位的监测指标时，还应根据生产过程的原辅用料、生产工艺、中间及最终产品类型确定潜在的污染物，对潜在污染物进行摸底监测，根据摸底监测结果确定各外排口监测点位是否存在其他纳入相关有毒有害或优先控制污染物名录中的污染物指标，或其他有毒污染物指标，若确定存在其他污染物，也应纳入监测指标。尤其是对于新的化学品，尚未纳入标准或污染物控制名录的污染物指标，但确定排放且对公众健康或环境质量有影响的污染物，排污单位从风险防范的角度，应当开展监测。

5.1.2 　突出重点排放源和排放口监测

对于废气污染物排放来说，同一家排污单位可能存在很多排放源，每个排放源的排放特征、污染物排放量贡献情况往往存在较大差异，"一刀切"的统一规定既会造成巨大浪费，也会因为过大增加工作量而增加推行的难度。因此，应抓住重点排放源，其对应的排污口监测要求应高于其他排放源。

以水泥企业为例，根据调研情况，一条 4 000 t/d 生产线的水泥企业，有 46 个排气筒；一条 5 000 t/d 生产线的水泥企业，有 72 个排气筒。不同企业排气筒数量虽有差异，但普遍都比较多。不同排气筒污染物排放状况存在差异，一般来说，水泥企业的排气筒可以分为 3 类：水泥窑的窑尾和窑头（冷却机）排气筒，窑尾的排气筒是全厂排气筒中排污量最大，污染物种类最多的排气筒；烘干机、烘干磨、煤磨等排气筒与窑尾、窑头相比，排气量小一些，污染物也相对简单；破碎机、料仓等通风生产设备的排气筒在水泥企业中数量最多，但排气筒都比较小，排气量较烘干机（磨）、煤磨还要小很多。对于水泥企业来说，窑尾和窑头属于重点的排放源，在监测要求上高于其他排放源。

5.1.3 突出主要污染物监测

同一排污口排放的污染物往往很多，尤其是废水，排放标准中一般有 8~15 项污染物指标，化工类企业污染物指标更多，也应体现差异性。以下四类污染物应作为主要污染物监测指标，在监测要求上高于其他污染物：一是排放量较大的污染物；二是对环境质量影响较大的污染物；三是对人体健康有明显影响的污染物；四是感观上易引起公众关注的污染物。

5.2 监测方案内容

监测方案是对监测活动开展进行的计划和安排，包括对什么样的点位、哪些指标、以什么样的监测频次开展监测，每项指标将采取何种分析测试方法等。同时也包括为了保障监测数据的质量所采取的质量保证与质量控制措施。监测方案是开展监测活动的基础和依据，科学拟定监测方案，才能保证监测活动的有序开展。监测方案是衔接环境管理与监测活动的纽带，根据环境管理要求，结合监测对象的实际情况，将环境管理对污染源监测的具体要求落实到监测方案中，作为监测活动开展的依据。

本章内容重点对监测点位、监测指标、监测频次、监测技术、采样方法和分析方法进行说明，监测仪器相关信息、质量保证与质量控制措施等内容也应该包含在监测方案之列，但监测仪器相关信息只要如实载明即可，质量保证与质量控制措施在后面有专门的章节进行说明，故在本章不做过多介绍。

从监测要素上来说，根据自行监测要涵盖的内容，包括废气排放监测（有组织和无组织）、废水排放监测、噪声排放监测、周边环境质量影响监测等。因此监测方案要包括每类监测要素的监测点位、监测指标、监测频次、监测技术、采样方法和分析方法等内容。

对于监测点位，根据设置的位置不同，监测点位可分为外排口监测点位、内部监测点位、无组织排放监测点位、噪声监测点位、周边环境影响监测点位等。其中内部监测点位，是相对于外排口监测点位来说，指用于监测污染治理设施进口、污水处理厂进水等污染物状况的监测点位，或监测工艺过程中影响特定污染物产生排放的特征工艺参数的监测点位。

各要素监测方案制定的具体要求和主要考虑因素在下文中分要素进行说明。

5.3　有组织废气排放监测方案

5.3.1　主要污染源和排放口梳理

同一排污单位可能存在很多废气排放源，不同排放源的排放特征和贡献率存在差异。系统梳理所有排放源，并对排放源进行分类，这是科学制定监测方案的重要基础。

（1）主要排放源

废气常规污染物主要来源包括燃烧排放和工艺排放两大类排放源。工业企业燃烧源主要是锅炉燃烧排放源，包括电站锅炉和普通工业锅炉；工艺废气排放源主要是通过各类工业炉窑排放污染物。

对于挥发性有机物和部分有毒有害污染物，除了锅炉和炉窑等排放源外，涉及化工生产的反应设备以及大宗溶剂存储和使用设备是重要的排放源。

因此，综合考虑常规污染物和有毒有害污染物的排放源，将以下几类源作为主要排放源：单台出力 14 MW 或 20 t/h 及以上的各种燃料的锅炉和燃气轮机组；重点行业的工业炉窑（水泥窑、炼焦炉、熔炼炉、焚烧炉、熔化炉、铁矿烧结炉、加热炉、热处理炉、石灰窑等）；化工类生产工序的反应设备（化学反应器/塔、蒸馏/蒸发/萃取设备等）；其他与上述所列相当的污染源。

其中锅炉的规模划定参考《锅炉大气污染物排放标准》（GB 13271—2014），其中规定单台出力 14 MW 或 20 t/h 及以上锅炉应实施自动监测。工业炉窑参考《工业炉窑大气污染物排放标准》（GB 9078—1996），该标准对常见的工业炉窑进行了不完全列举。化工类反应设备主要参考了当前发布实施的部分行业排放标准。

上述列举均不完全，对于未进行列举的而排放量与列举出的排放源排放量相当的，应该列为主要排放源。

上述主要排放源是从各类排放源横向比较的角度提出的，部分排污单位可能不涉及上述任何一类符合条件的排放源，那么该排污单位则可以不列主要排放源，全部按非主要排放源处理。也就是说，有符合以上条件的排放源，必须列为本企业的主要排放源，不管数量有多少；没有符合以上条件的排放源企业，按照不存在主要排放源情况对待。

（2）主要排放口

排放口与排放源有一定对应关系，但并非一一对应。有的排放源独立排放，有的排放源会共用一个排放口。对于某一个排放口来说，只要有主要排放源的废气经此排放口排放，那么该排放口就应该视为主要排放口。另外，我国目前正在推行的排污许可制度中，按行业制定排污许可证申请与核发技术规范，也会对废气排放口进行分类，分为主要排放口和一般排放口。为了与排污许可制度高效衔接，在《排污单位自行监测技术指南　总则》中明确了"排污许可证申请与核发技术规范"确定的主要排放口也作为自行监测的主要排放口。

概括来说，将符合以下条件的废气排放口列为主要排放口：①主要污染源的有组织废气排放口为主要排污口；②对于多个污染源共用一个排污口的，凡涉及主要污染源的排污口均为主要排污口；③"排污许可证申请与核发技术规范"确定的主要排放口。

5.3.2　监测点位

（1）废气外排口监测点位

监测点位设置应满足《固定污染源排气中颗粒物测定与气态污染物采样方法》（GB/T 16157—1996）、《固定污染源烟气（SO_2、NO_x、颗粒物）排放连续监测技术规范》（HJ 75—2017）等技术规范的要求。净烟气与原烟气混合排放的，应在排气筒或烟气汇合后的混合烟道上设置监测点位；净烟气直接排放的，应在净烟气烟道上设置监测点位；旁路烟道也应设置监测点位。

（2）内部监测点位

当排放标准中有污染物去除效率要求时，如《石油炼制工业污染物排放标准》（GB 31570—2015）对有机废气排放口非甲烷总烃提出去除效率应≥95%，这种情况应在相应污染物处理设施单元的进口设置监测点位。除此之外，当环境管理有要求或排污单位认为有必要更好地说清楚自身污染治理及排放状况的，可以在排污单位内部设置监测点，监测污染物浓度或与有毒污染物排放密切相关的关键工艺参数等。如对燃烧温度进行监测，辅助说明二噁英排放状况等，都可以在相应的位置设置内部监测点位。

内部监测点位的监测指标、监测频次等相关内容，都应该根据设置监测点位的目的来统一考虑，由于内部监测点位设置差异性较大，我国对这部分的规定相对简单，故下文主要围绕外排口监测点位相关内容进行说明。

5.3.3 监测指标

各外排口监测点位的监测指标应至少包括所执行的国家或地方污染物排放（控制）标准、环境影响评价文件及其批复、排污许可证等相关管理规定明确要求的污染物指标。排污单位还应根据生产过程的原辅用料、生产工艺、中间及最终产品，确定是否排放纳入相关有毒有害或优先控制污染物名录中的污染物，或其他有毒污染物，这些污染物也应纳入监测指标。

对于主要排放口监测点位的监测指标，符合以下条件的为主要监测指标：

1）二氧化硫、氮氧化物、颗粒物（或烟尘/粉尘）、挥发性有机物中排放量较大的污染物指标；

2）能在环境或动植物体内积蓄并对人类产生长远不良影响的有毒污染物指标（存在有毒有害或优先控制污染物相关名录的，以名录中的污染物指标为准）；

3）排污单位所在区域环境质量超标的污染物指标。

对于以上内容，特别说明两点：

1）考虑到环境影响评价制度改革的实际情况，对于2015年1月1日之前取得环境影响评价批复的排污单位，如环境影响评价及批复与实际情况确实存在差异的，可按实际情况进行确定；对于2015年1月1日（含）之后取得环境影响评价批复的排污单位，监测指标应涵盖环境影响评价文件及其批复中要求开展监测的污染物指标。

2）《大气污染防治法》中规定，"国务院环境保护主管部门应当会同国务院卫生行政部门，根据大气污染物对公众健康和生态环境的危害和影响程度，公布有毒有害大气污染物名录，实行风险管理。"但国家现在尚未发布有毒有害大气污染物名录，在发布前根据现有的管理要求和专家经验判断进行确定。

5.3.4　监测频次

5.3.4.1　确定监测频次的基本原则

总体上来说，确定自行监测频次应遵循以下几条基本原则。

1）不能低于国家或地方发布的标准、规范性文件、规划、环境影响评价报告书（表）及其批复等明确规定的监测频次；

2）主要排放口的监测频次高于非主要排放口；

3）主要污染物的监测频次高于非主要污染物的监测频次；

4）污水排向敏感水体或接近集中式饮用水水源的，或者废气排向特定的环境空气质量功能区的，应适当增加监测频次；

5）排放状况波动大的，应适当增加监测频次；

6）历史稳定达标状况较差的需增加监测频次，达标状况良好的可以适当降低频次；

7）监测成本应与排污企业自身能力相一致，同时尽量避免不必要的重复监测。

《排污单位自行监测技术指南　总则》和行业自行监测技术指南基于上述原则中2）和3）条确定最低监测频次。之所以重点考虑了这两条，是因为其他原则要根据排污单位的具体位置、排污特征、守法历史、经济承受能力等具体考虑，在《排污单位自行监测技术指南　总则》和行业自行监测技术指南中难以全部体现。而根据前面的分析，对主要排放口和主要污染物有初步的界定，再结合行业特点能够确定主要排放口和主要污染物的具体内容，因此，根据主要排放口的监测频次高于非主要排放口，主要污染物的监测频次高于非主要污染物的监测频次的原则，在指南中给出建议的最低监测频次。

5.3.4.2 最低监测频次

原则上，外排口监测点位最低监测频次按照表 5-1 执行。废气烟气参数和污染物浓度应同步监测。

表 5-1 废气监测指标的最低监测频次

排污单位级别	主要排放口		其他排放口的监测指标
	主要监测指标	其他监测指标	
重点排污单位	月—季度	半年—年	半年—年
非重点排污单位	半年—年	年	年

注：为最低监测频次的范围，分行业排污单位自行监测技术指南中依据此原则确定各监测指标的最低监测频次。

为了便于理解，对以下几点进行说明。

（1）重点排污单位

表 5-1 中的重点排污单位是根据法律法规规定提出的，《环境保护法》《大气污染防治法》《水污染防治法》和《企业事业单位环境信息公开办法》（环境保护部令 第31号）中均对重点排污单位的确定和管理做了明确规定。

《环境保护法》第四十二条规定，重点排污单位应当按照国家有关规定和监测规范安装使用监测设备，保证监测设备正常运行，保存原始监测记录；第五十五条规定，重点排污单位应当如实向社会公开其主要污染物的名称、排放方式、排放浓度和总量、超标排放情况，以及防治污染设施的建设和运行情况，接受社会监督。

《大气污染防治法》第二十四条规定，重点排污单位应当安装、使用大气污染物排放自动监测设备，与环境保护主管部门的监控设备联网，保证监测设备正常运行并依法公开排放信息。监测的具体办法和重点排污单位的条件由国务院环境保护主管部门规定。重点排污单位名录由设区的市级以上地方人民政府环境保护主管部门按照国务院环境保护主管部门的规定，根据本行政区域的大气环境承载力、重点大气污染物排放总量控制指标的要求以及排污单位排放大气污染物的种类、数量和浓度等因素，商有关部门确定，并向社会公布。

《水污染防治法》第二十三条规定，实行排污许可管理的企业事业单位和其他生产经营者应当按照国家有关规定和监测规范，对所排放的水污染物自行监测，并保存原始监测记录。重点排污单位还应当安装水污染物排放自动监测设备，与环境保护主管部门的监控设备联网，并保证监测设备正常运行。具体办法由国务院环境保护主管部门规定。应当安装水污染物排放自动监测设备的重点排污单位名录，由设区的市级以上地方人民政府环境保护主管部门根据本行政区域的环境容量、重点水污染物排放总量控制指标的要求以及排污单位排放水污染物的种类、数量和浓度等因素，商同级有关部门确定。

《企业事业单位环境信息公开办法》（环境保护部令 第31号）规定，设区的市级人民政府环境保护主管部门应当于每年3月底前确定本行政区域内重点排污单位名录，并通过政府网站、报刊、广播、电视等便于公众知晓的方式公布。环境保护主管部门确定重点排污单位名录时，应当综合考虑本行政区域的环境容量、重点污染物排放总量控制指标的要求，以及企业事业单位排放污染物的种类、数量和浓度等因素。

在自行监测技术指南中的重点排污单位界定，衔接上述法律法规规定，是指由设区的市级及以上地方人民政府环境保护主管部门商有关部门确定的本行政区域内的重点排污单位。

2017年11月，原环境保护部印发《重点排污单位名录管理规定（试行）》，衔接上述法律法规规定，明确了重点排污单位名录筛选条件，自行监测技术指南体系中的重点排污单位与此衔接。为了便于理解，对以下两点进行说明：

1）重点排污单位名录由管理部门确定并公开。按照规定，设区的市级地方人民政府环境保护主管部门应当依据本行政区域的环境承载力、环境质量改善要求和本规定的筛选条件，每年商有关部门筛选污染物排放量较大、排放有毒有害污染物等具有较大环境风险的企业事业单位，确定下一年度本行政区域重点排污单位名录。该名录经各级汇总后，向社会公开。自行监测技术指南体系中的重点排污单位是指列入该名录的排污单位。

2）重点排污单位名录实行分类管理，大气环境重点排污单位名录中的排污单位适用于表5-1。按照受污染的环境要素分为水环境重点排污单位名录、大气环境重点排污单位名录、土壤环境污染重点监管单位名录、声环境重点排污单位名录，以及其他重点排污单位名录五类，同一家企业事业单位因排污种类不同可以同时属于不同类别重点排污单位。纳入重点排污单位名录的企业事业单位应明确所属类别和主要污染物指标。表5-1中的频次分类是针对大气环境重点排污单位而言的。

（2）最低监测频次

表5-1中的最低监测频次，部分是最低监测频次的范围，这主要是为了指导行业自行监测技术指南确定最低频次。如对于重点排污单位主要排放口的主要监测指标，最低监测频次为月—季度，那么在制定行业监测指南时，根据具体行业、排放口、污染物排放特点，确定具体污染物的最低监测频次，重点排污单位主要排放口的主要监测指标的最低监测频次可以是月、双月、季度等。当然，对于特殊情况，有些监测指标确实无法达到表5-1中的最低监测频次，如二噁英的监测。因为二噁英毒性较大，因此监测难度过大且监测成本过高，所以具有监测能力的检测机构很少，目前要求企业按季度开展二噁英监测，但是基本无法实现，故类似特殊情况，可以适当降低监测频次要求。

自行监测技术指南中给出了最低监测频次，排污单位根据给出的最低监测频次，并结合确定监测频次的基本原则制定适用于本单位的监测方案，将具体的监测频次确定下来。该监测方案一旦载入排污许可证中，就是对排污单位的强制要求，排污单位必须按照该监测方案开展监测。

5.3.5 监测技术方法

监测技术包括手工监测、自动监测两种，排污单位可根据监测成本、监测指标以及监测频次等内容，合理选择适当的监测技术。对于采用自动监测的污染物指标，排污单位不需要同时开展手工监测，但应按照自动监测技术规范的要求，对自动监测设备进行定期运行维护和校准、校验，以保证自动监测设备的正常运行，能够出具符合技术规范要求的有效监测数据。

一般来说，对于相关管理规定要求采用自动监测的指标，应采用自动监测技术；对于监测频次高、自动监测技术成熟的监测指标，应优先选用自动监测技术；其他监测指标，可选用手工监测技术。

从管理规定上来说，《大气污染物防治法》中明确重点排污单位应当安装、使用大气污染物排放自动监测设备；部分排放标准中有关于自动监测的要求，如《锅炉大气污染物排放标准》（GB 13271—2014）规定单台出力 14 MW 或 20 t/h 及以上锅炉应实施自动监测；部分行业产业政策中有关于自动监测的相关要求，如《钢铁行业规范条件（2015 年修订）》《焦化行业准入条件（2014 年修订）》分别对钢铁行业、焦化行业应实施自动监测的点位、指标进行了规定；除此之外，部分地区根据当地管理需求，会提出其他自动监测要求，如 2017 年 7 月，上海市环境保护局发布了《上海市固定污染源自动监测建设、联网、运维和管理有关规定》，对须开展实施自动监测的排放源提出要求。

从监测技术上来说，对于废气自动监测，目前比较成熟的是 SO_2、NO_x、颗粒物三项指标，三项指标自动监测设备和运维应符合《固定污染源烟气（SO_2、NO_x、颗粒物）排放连续监测技术规范》（HJ 75—2017）、《固定污染源烟气（SO_2、NO_x、颗粒物）排放连续监测系统技术要求及检测方法》（HJ 76—2017）的管理规定。除此之外，废气汞自动监测、挥发性有机物自动监测在国内外都有一些技术和设备在应用或试点，但我国尚没有统一的设备技术要求和技术规范，也没有从国家层面统一推广。

5.3.6　采样方法和分析方法

废气手工采样方法的选择参照《固定污染源排气中颗粒物和气态污染物采样

方法》（GB/T 16157—1996）、《固定源废气监测技术规范》（HJ/T 397—2007）执行。单次监测中，气态污染物采样应可获得小时均值浓度；颗粒物采样至少采集三个反映监测断面颗粒物平均浓度的样品。

监测分析方法应优先选用所执行的排放标准中规定的方法。选用其他国家、行业标准方法的，方法的主要特性参数（包括检出下限、精密度、准确度、干扰消除等）需符合标准要求。尚无国家和行业标准分析方法的，或采用国家和行业标准方法不能得到合格测定数据的，可选用其他方法，但必须做方法验证和对比实验，证明该方法主要特性参数的可靠性。

5.4 无组织废气排放监测方案

（1）监测点位设置

存在废气无组织排放源的排污单位，应设置无组织排放监测点位，具体要求按相关排放标准及《大气污染物无组织排放监测技术导则》（HJ/T 55—2000）、《泄漏和敞开液面排放的挥发性有机物检测技术导则》（HJ 733—2014）执行。关于无组织监测点位，有些行业排放标准中对此有具体规定，如钢铁、焦化行业废气排放标准中有监测点位设置要求，但有些行业排放标准中则没有对此进行规定。

（2）监测指标确定

无组织排放监测指标的确定方法和原则可参照有组织废气排放监测指标的确定，但对主要污染物的筛选不做特殊要求。

（3）监测频次确定

无组织排放监测频次相对较低，且主要依靠现场采样和实验室分析的方式，故可按照有组织废气排放的监测频次对须开展监测的污染物指标进行同步监测。一般而言，钢铁、水泥、焦化、石油加工、有色金属冶炼、采矿业等无组织废气排放较重的污染源，无组织废气每季度至少开展一次监测；其他涉及无组织废气排放的污染源每年至少开展一次监测。

（4）监测技术方法

监测技术方法确定的方法和原则与有组织排放监测相同。从技术上来说，无组织排放监测技术和仪器设备可以参照环境空气质量监测。从管理上来说，目前，没有全国层面的统一管理要求，部分地区对化工园区或石化企业有无组织自动监测的要求。

（5）采样方法和分析方法

无组织排放采样方法参照《大气污染物无组织排放监测技术导则》（HJ/T 55—2000）和《泄漏和敞开液面排放的挥发性有机物检测技术导则》（HJ 733—2014）执行。

分析方法的确定原则与有组织废气监测方案相同。

5.5　废水排放监测方案

对于废水排放来说，一般都是汇合后集中排放，污染物产生与排放的关联关系比废气污染物排放弱，废水排放口往往不太多，因此，不再区分主要排放源、主要排放口。

5.5.1　监测点位

排放标准中，废水污染物排放监管位置分为两类：企业废水总排放口、车间废水排放口。废水污染物的监测点位应在污染物排放标准规定的监控位置设置。

关于车间废水排放口，是在《污水综合排放标准》（GB 8978—1996）中针对第一类污染物提出的，主要是为了避免在总排放口监测会造成第一类污染物的稀释排放，但不同标准和规范中的表述略有不同。在《污水综合排放标准》（GB 8978—1996）中表述为：车间或车间处理设施排放口（采矿行业的尾矿坝出水口不得视为车间排放口）。在《地表水和污水监测技术规范》（HJ/T 91—2002）中表述为：车间或车间处理设施的排放口，或专门处理此类污染物设施的排口。

2010 年后发布的行业排放标准统一表述为车间或生产设施废水排放口。

关于间接排放企业的废水总排放口，多数情况下是明确的，但也存在监测点位不够明确的情况。部分排污单位废水由下游污水处理厂代为进行预处理，这种情况是以排污单位接入污水处理厂的排放口作为总排放口，还是将污水处理厂预处理排放口作为总排放口，不够明确。《地表水和污水监测技术规范》（HJ/T 91—2002）规定，进入集中式污水处理厂和进入城市污水管网的污水采样点位应根据地方环境保护行政主管部门的要求确定。

5.5.2 监测指标

废水排放口监测指标的确定方法和原则与有组织废气排放口监测指标相同，仅对主要污染物确定方法进行说明。

符合以下条件的为各废水外排口监测点位的主要监测指标：

1）化学需氧量、五日生化需氧量、氨氮、总磷、总氮、悬浮物、石油类中排放量较大的污染物指标；

2）污染物排放标准中规定的监控位置为车间或生产设施废水排放口的污染物指标，以及有毒有害或优先控制污染物相关名录中的污染物指标；

3）排污单位所在流域环境质量超标的污染物指标。

与大气有毒有害污染物名录类似，《水污染防治法》明确要发布有毒有害水污染物名录，但目前尚未发布。

5.5.3 监测频次

废水外排放口监测频次的确定原则和主要考虑，与有组织废气排放监测相同，原则上，废水外排口监测点位最低监测频次按照表 5-2 执行。各排放口废水流量和污染物浓度同步监测。

表 5-2　废水监测指标的最低监测频次

排污单位级别	主要监测指标	其他监测指标
重点排污单位	日—月	季度—半年
非重点排污单位	季度	年

注：为最低监测频次的范围，在行业排污单位自行监测技术指南中依据此原则确定各监测指标的最低监测频次。

5.5.4　监测技术方法

监测技术方法的选取原则同有组织废气监测。对于自动监测技术，比较成熟的指标主要是化学需氧量（COD_{Cr}）、氨氮（$NH_3\text{-}N$）、总磷（TP）、pH、温度和流量，尤其是"十一五"和"十二五"时期，在主要污染物总量减排工作的推动下，国控重点企业普遍安装了化学需氧量、氨氮自动监测设备，pH、流量自动监测也较为普遍。随着氮磷逐步成为制约环境质量改善的重要指标，目前总磷、总氮的自动监测正在逐步推进的过程中。重金属自动监测在部分地方有试点，全国尚无统一要求。

5.5.5　采样方法和分析方法

废水手工采样方法的选择参照相关污染物排放标准及《地表水和污水监测技术规范》（HJ/T 91—2002）、《水污染物排放总量监测技术规范》（HJ/T 92—2002）、《水质　样品的保存和管理技术规定》（HJ 493—2009）、《水质　采样技术指导》（HJ 494—2009）、《水质　采样方案设计技术规定》（HJ 495—2009）等执行，根据监测指标的特点确定采样方法为混合采样方法或瞬时采样的方法，单次监测采样频次按相关污染物排放标准和 HJ/T 91—2002 执行。污水自动监测采样方法参照《水污染源在线监测系统安装技术规范（试行）》（HJ/T 353—2007）、《水污染源在线监测系统验收技术规范（试行）》（HJ/T 354—2007）、《水污染源在线监测系统运行与考核技术规范（试行）》（HJ/T 355—2007）、《水污染源在线监测系统数据有效性判别技术规范（试行）》（HJ/T 356—2007）执行。

5.6 噪声排放监测方案

排污单位和固定厂界环境噪声的测点位置具体要求按《工业企业厂界环境噪声排放标准》（GB 12348—2008）执行。

厂界噪声布点应遵循以下原则：根据厂内主要噪声源距厂界位置布点；根据厂界周围敏感目标布点；"厂中厂"是否需要监测根据内部和外围排污单位协商确定；面临海洋、大江、大河的厂界原则上不布点；厂界紧邻交通干线不布点；厂界紧邻另一排污单位的，在邻近另一排污单位侧是否布点由排污单位协商确定。

厂界环境噪声每季度至少开展一次监测，夜间生产的要监测夜间噪声。

5.7 排污单位周边环境质量影响监测方案

5.7.1 监测点位设置

排污单位厂界周边的土壤、地表水、地下水、大气等环境质量影响监测点位参照排污单位环境影响评价文件及其批复及其他环境管理要求设置。

如环境影响评价文件及其批复及其他文件中均未做出要求，排污单位需要开展周边环境质量影响监测的，环境质量影响监测点位设置的原则和方法参照《环境影响评价技术导则　总纲》（HJ 2.1—2016）、《环境影响评价技术导则　大气环境》（HJ 2.2—2008）、《环境影响评价技术导则　地面水环境》（HJ/T 2.3—93）、《环境影响评价技术导则　声环境》（HJ 2.4—2009）、《环境影响评价技术导则　地下水环境》（HJ 610—2016）等规定。各类环境影响监测点位设置按照《地表水和污水监测技术规范》（HJ/T 91—2002）、《地下水环境监测技术规范》（HJ/T 164—2004）、《近岸海域环境监测规范》（HJ 442—2008）、《环境空气质量手工监测技术规范》（HJ/T 194—2017）、《土壤环境监测技术规范》（HJ/T 166—2004）等执行。

5.7.1.1　地表水和海水监测点位布设

排污单位厂界周边的地表水和海水环境质量影响监测点位参照排污单位环境影响评价文件及其批复及其他环境管理要求设置。

如环境影响评价文件及其批复及其他文件中均未做出要求，排污单位需要开展周边环境质量影响监测的，环境质量影响监测点位设置的原则和方法参照《环境影响评价技术导则　总纲》（HJ 2.1—2016）、《环境影响评价技术导则　地面水环境》（HJ/T 2.3—93）、《地表水和污水监测技术规范》（HJ/T 91—2002）、《近岸海域环境监测规范》（HJ 442—2008）、《近岸海域环境监测点位布设技术规范》（HJ 730—2014）等执行。

（1）地表水河流

在《环境影响评价技术导则　地面水环境》（HJ/T 2.3—93）推荐的调查范围的两端布设排污口及控制断面，见表 5-3，并在排污口上游 500 m 处设置一个对照断面，见图 5-1。在一个监测断面上设置的采样垂线数与各垂线上的采样点数应符合表 5-4 和表 5-5 要求。

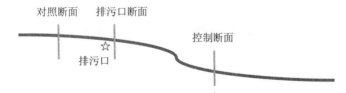

图 5-1　地表水环境质量影响监测断面布设示意图

表 5-3　不同污水排放量时河流环境调查范围表

污水排放量/（m³/d）	调查范围/km		
	大河（≥150 m³/s）	中河（15～150 m³/s）	小河（<15 m³/s）
>50 000	15～30	20～40	30～50
50 000～20 000	10～20	15～30	25～40
20 000～10 000	5～10	10～20	15～30
10 000～5 000	2～5	5～10	10～25
<5 000	<3	<5	5～15

表 5-4   采样垂线数的设置

水面宽	垂线数	说明
≤50 m	一条（中泓）	①垂线布设应避开污染带，测污染带应另加垂线；②确能证明该断面水质均匀时，可仅设中泓垂线；③凡在该断面计算污染物通量时，必须按本表设置垂线
50～100 m	二条（近左、右岸有明显水流处）	
>100 m	三条（左、中、右）	

表 5-5   采样垂线上的采样点数的设置

水深	采样点数	说明
≤5 m	上层一点	①上层指水面下 0.5 m 处，水深不到 0.5 m 时，在水深 1/2 处；②下层指河底以上 0.5 m 处；③中层指 1/2 水深处；④封冻时在冰下 0.5 m 处采样，水深不到 0.5 m 处时，在水深 1/2 处采样；⑤凡在该断面要计算污染物通量时，必须按本表设置采样点
5～10 m	上、下层两点	
>10 m	上、中、下三层三点	

（2）近岸海域

沿岸排放的陆域直排海污染源：陆域直排海污染源影响监测点位布设于影响区边界，站位数量一般不少于 6 个；在附近海域设置 1～2 个对照点位；在排污口附近设置 1 个排污口点位。排污口对重要湿地可能产生影响的，应在排污口附近布设潮间带监测断面，同时布设 1 个潮间带对照监测断面，见图 5-2。采样层次应符合表 5-6 要求。

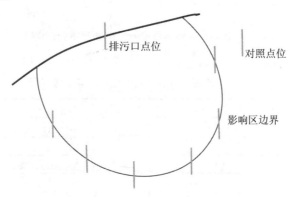

图 5-2   近岸海域环境质量影响监测断面布设示意图

深海排放的陆域直排海污染源：以深海排放口为位置中心，沿海流方向中线及两侧 15°夹角线，在建设项目环境影响评价报告中确定的影响区外边界及外边界向外 500 m 点处各设置 1 个监测点，并在海流反方向建设项目环境影响评价报告中确定的影响区边界外 500 m 处设置一个对照点，共设置 7 个监测点。采样层次应符合表 5-6 要求。

表 5-6　近岸海域监测采样层次设置

水深范围	标准层次
＜10 m	表层
10～25 m	表层，底层
＞25 m	原则上分 3 层，可视水深酌情加层

注：①表层系指海面以下 0.1～1 m；②底层，对河口及港湾海域最好取离海底 2 m 的水层，深海或大风浪时可酌情增大离底层的距离。

（3）地表水湖（库）

可参照沿岸排放的陆域直排海污染源设置监测点位。垂线上的采样点数应符合表 5-7 要求。

表 5-7　湖（库）监测垂线采样点的设置

水深	分层情况	采样点数	说　明
≤5 m		一点（水面下 0.5 m 处）	①分层是指湖水温度分层状况；②水深不足 1 m，在 1/2 水深处设置测点；③有充分数据证实垂线水质均匀时，可酌情减少测点
5～10 m	不分层	二点（水面下 0.5 m，水底上 0.5 m）	
	分层	三点（水面下 0.5 m，1/2 斜温层，水底上 0.5 m 处）	
＞10 m		除水面下 0.5 m，水底上 0.5 m 处外，按每一斜温分层 1/2 处设置	

5.7.1.2　地下水监测点位布设

排污单位厂界周边的地下水环境质量影响监测点位参照排污单位环境影响评

价文件及其批复及其他环境管理要求设置。

如环境影响评价文件及其批复及其他文件中均未作出要求，排污单位需要开展周边环境质量影响监测的，环境质量影响监测点位设置的原则和方法参照《环境影响评价技术导则　地下水环境》（HJ 610—2016）、《地下水环境监测技术规范》（HJ/T 164—2004）等执行。

参考《环境影响评价技术导则　地下水环境》，划分排污单位对地下水环境影响的等级，见表 5-8。

表 5-8　等级分级表

环境敏感程度[①]	等级划分		
	Ⅰ类项目[①]	Ⅱ类项目	Ⅲ类项目
敏感	一级	一级	二级
较敏感	一级	二级	三级
不敏感	二级	三级	三级

注：①敏感程度分级表及项目类别划分详见《环境影响评价技术导则　地下水环境》（HJ 610—2016）表1及附录A。

地下水环境质量影响监测点位数量及设置要求：影响等级为一级、二级的排污单位，点位一般不少于 3 个，应至少在排污单位上、下游各布设 1 个。一级排污单位还应在重点污染风险源处增设监测点。影响等级为三级的排污单位，点位一般不少于 1 个，应至少在排污单位下游布置 1 个。

地下水的监测井建设与管理要求应符合《地下水环境监测技术规范》（HJ/T 164—2004）2.4 章节要求。

5.7.1.3　土壤监测点位布设

排污单位厂界周边的土壤环境质量影响监测点位参照排污单位环境影响评价文件及其批复及其他环境管理要求设置。

如环境影响评价文件及其批复及其他文件中均未做出要求，排污单位需要开展周边环境质量影响监测的，环境质量影响监测点位设置的原则和方法参照《土壤环境监测技术规范》（HJ/T 166—2004）等执行。

2017 年 8 月，原环境保护部发布《环境影响评价技术导则　土壤环境》（征求意见稿），提出划分排污单位对土壤环境影响的等级，见表 5-9。

表 5-9　排污单位土壤影响等级表

评价等级 敏感程度	I 类[①]			II 类			III 类		
	大[②]	中	小	大	中	小	大	中	小
敏感[③]	一级	一级	二级	二级	二级	三级	三级	三级	—
较敏感	一级	一级	二级	二级	二级	三级	三级	—	—
不敏感	一级	二级	二级	二级	三级	—	—	—	—

注：①参见《环境影响评价技术导则　土壤环境》（征求意见稿）中"表 1　建设项目行业类别判别依据表"；②参见"表 2　建设项目占地规模划分表"；③参见"表 3　建设项目所在地周边的土壤环境敏感程度表"。

根据《环境影响评价技术导则　土壤环境》（征求意见稿），土壤环境影响监测点位应重点布设在主要产污装置区和土壤环境敏感目标附近，并根据排污单位对土壤环境影响的等级确定监测点位数，见表 5-10。

表 5-10　土壤环境质量影响监测点位要求

影响等级	区域	点位数量
一级	产污装置区附近	3 个混合样、2 个深层样
	土壤敏感目标附近	3 个混合样
二级	产污装置区附近	1 个混合样、1 个深层样
	土壤敏感目标附近	2 个混合样
三级	产污装置区附近	1 个混合样
	土壤敏感目标附近	1 个混合样

5.7.1.4　大气监测点位布设

环境质量监测点位一般在厂界或大气环境防护距离（如有）外侧设置 1～2

个监测点。

5.7.2 监测指标

周边环境质量影响监测点位监测指标参照排污单位环境影响评价报告书（表）及其批复等管理文件的要求执行，或根据排放的污染物对环境的影响确定。

对于废水排入地表水的排污单位，需结合《地表水环境质量标准》（GB 3838—2002）及自身排污情况筛选监测指标，如造纸工业排污单位的周边环境质量影响监测指标筛选结果为 pH、悬浮物、化学需氧量、五日生化需氧量、氨氮、总磷、总氮、石油类。对于废水排入海水的排污单位，需结合《海水水质标准》（GB 3097—1997）及自身排污情况筛选监测指标，如造纸工业排污单位的周边环境质量影响监测指标筛选结果为 pH、悬浮物、化学需氧量、五日生化需氧量、溶解氧、活性磷酸盐、无机氮石油类。

地下水监测指标可结合《地下水质量标准》（GB 14848—2017）及自身排污情况筛选监测指标，如钢铁联合企业的周边环境质量影响监测指标筛选结果为 pH、总硬度、溶解性总固体、硫酸盐、氯化物、铁、铜、锌、挥发酚、高锰酸盐指数、硝酸盐、亚硝酸盐、氨氮、氟化物、氰化物、汞、砷、镉、六价铬、铅、镍、硫化物、总铬、多环芳烃、苯、甲苯、二甲苯等。

土壤监测指标可结合《土壤环境质量标准》（GB 15618—2008）及自身排污情况筛选监测指标，如钢铁联合企业的周边环境质量影响监测指标筛选结果为 pH、阳离子交换量、镉、汞、砷、铜、铅、铬、锌、镍、多环芳烃、苯、甲苯、二甲苯等。

空气质量监测指标可结合《环境空气质量标准》（GB 3095—2012）及自身排污情况筛选监测指标，重点对最大地面空气质量浓度占标率大于 1 的污染物指标开展监测，最大地面空气质量浓度占标率的计算方法参见《环境影响评价技术导则 大气环境》（HJ 2.2—2008）。

5.7.3　监测频次

排污单位周边环境质量的监测频次，若环境影响评价报告书（表）及其批复等管理文件有明确要求的，按照要求执行；否则，涉水重点排污单位地表水每年丰水期、枯水期、平水期至少各监测一次，涉气重点排污单位空气质量每半年至少监测一次，涉重金属、难降解类有机污染物等重点排污单位土壤、地下水每年至少监测一次。

专栏一：某石化厂周边环境质量影响监测方案

表 1　环境空气监测方案

监测点位	监测指标	监测频率
厂区东北角、厂区东南角、厂区西北角、厂区西南角、污水厂东南角、污水厂西北角	SO$_2$、CO、臭氧、PM$_{10}$、PM$_{2.5}$、NO$_x$、氯化氢、苯、甲苯、二甲苯、苯并[a]芘、非甲烷总烃	1 次/月

表 2　地下水监测方案

序号	监测井区域	监测点位数	监测指标	监测频率
1	原油储备库	2	pH、溶解性总固体、高锰酸盐指数、总硬度、砷、石油类、硫化物、总氰化物、挥发酚、甲苯、二甲苯、甲基叔丁基醚（MTBE）	1 次/周
		2	pH、高锰酸盐指数、石油类、氨氮	1 次/周
		2	pH、高锰酸盐指数、石油类、氨氮、石油类	1 次/月
2	硫磺回收及原油罐区	1	电导率、高锰酸盐指数、溶解氧（DO）、pH、石油类	1 次/月
3	硫磺回收	1	pH、溶解性总固体、高锰酸盐指数、总硬度、砷、石油类、硫化物、总氰化物、挥发酚、甲苯、二甲苯、MTBE	1 次/周
4	化工产品罐区	1	pH、溶解性总固体、高锰酸盐指数、总硬度、砷、石油类、硫化物、总氰化物、挥发酚、甲苯、二甲苯、MTBE	1 次/周
5	汽油、甲醇轻污油罐区	1	pH、溶解性总固体、高锰酸盐指数、总硬度、砷、石油类、硫化物、总氰化物、挥发酚、甲苯、二甲苯、MTBE	1 次/周

序号	监测井区域	监测点位数	监测指标	监测频率
6	常减压装置	1	电导率、高锰酸盐指数、DO、pH、石油类、MTBE	1次/月
7	常减压装置	1	pH、溶解性总固体、高锰酸盐指数、总硬度、砷、石油类、硫化物、总氰化物、挥发酚、甲苯、二甲苯、MTBE	1次/周
8	柴油加氢装置	1	pH、溶解性总固体、高锰酸盐指数、总硬度、砷、石油类、硫化物、总氰化物、挥发酚、甲苯、二甲苯、MTBE	1次/周
9	芳烃罐区	1	电导率、高锰酸盐指数、DO、pH、石油类	1次/月
10	原油罐区	2	pH、溶解性总固体、高锰酸盐指数、总硬度、砷、石油类、硫化物、总氰化物、挥发酚、甲苯、二甲苯、MTBE	1次/周
11	渣油加氢装置	1	电导率、高锰酸盐指数、DO、pH、石油类	1次/月
12	加氢裂化	1	电导率、高锰酸盐指数、DO、pH、石油类	1次/月
13	合成气及制氢装置	1	pH、溶解性总固体、高锰酸盐指数、总硬度、砷、石油类、硫化物、总氰化物、挥发酚、甲苯、二甲苯、MTBE	1次/周
14	柴油罐区	1	pH、溶解性总固体、高锰酸盐指数、总硬度、砷、石油类、硫化物、总氰化物、挥发酚、甲苯、二甲苯、MTBE	1次/周
15	化工原料罐区	2	pH、溶解性总固体、高锰酸盐指数、总硬度、砷、石油类、硫化物、总氰化物、挥发酚、甲苯、二甲苯、MTBE	1次/周
16	催化裂化气分联合装置	2	pH、溶解性总固体、高锰酸盐指数、总硬度、砷、石油类、硫化物、总氰化物、挥发酚、甲苯、二甲苯、MTBE	1次/周
17	芳烃原料罐区	2	pH、溶解性总固体、高锰酸盐指数、总硬度、砷、石油类、硫化物、总氰化物、挥发酚、甲苯、二甲苯、MTBE	1次/周
18	芳烃原料罐区	1	电导率、高锰酸盐指数、DO、pH、石油类	1次/月
19	汽油、煤油罐区	1	电导率、高锰酸盐指数、DO、pH、石油类	1次/月
20	中间原料罐区	1	电导率、高锰酸盐指数、DO、pH、石油类	1次/月
21	催化裂化气分联合装置	1	电导率、高锰酸盐指数、DO、pH、石油类	1次/月
22	重整抽提芳烃联合装置	1	pH、溶解性总固体、高锰酸盐指数、总硬度、砷、石油类、硫化物、总氰化物、挥发酚、甲苯、二甲苯、MTBE	1次/周

序号	监测井区域	监测点位数	监测指标	监测频率
23	液体产品汽车装卸设施	1	电导率、高锰酸盐指数、DO、pH、石油类	1 次/月
24	丁辛醇装置	1	pH、溶解性总固体、高锰酸盐指数、总硬度、砷、石油类、硫化物、总氰化物、挥发酚、甲苯、二甲苯、MTBE	1 次/周
25	丁辛醇装置	1	电导率、高锰酸盐指数、DO、pH	1 次/月
26	顺丁橡胶装置	1	pH、溶解性总固体、高锰酸盐指数、总硬度、砷、石油类、硫化物、总氰化物、挥发酚、甲苯、二甲苯、MTBE	1 次/周
27	顺丁橡胶装置	1	电导率、高锰酸盐指数、DO、pH	1 次/月
28	EO/EG 装置	1	pH、溶解性总固体、高锰酸盐指数、总硬度、砷、石油类、硫化物、总氰化物、挥发酚、甲苯、二甲苯、MTBE	1 次/周
29	HDPE 装置	1	pH、溶解性总固体、高锰酸盐指数、总硬度、砷、石油类、硫化物、总氰化物、挥发酚、甲苯、二甲苯、MTBE	1 次/周
30	LLDPE 装置	1	pH、溶解性总固体、高锰酸盐指数、总硬度、砷、石油类、硫化物、总氰化物、挥发酚、甲苯、二甲苯、MTBE	1 次/周
31	聚丙烯装置	1	电导率、高锰酸盐指数、DO、pH	1 次/月
32	第三循环水场	1	pH、溶解性总固体、高锰酸盐指数、总硬度、砷、石油类、硫化物、总氰化物、挥发酚、甲苯、二甲苯、MTBE	1 次/周
33	厂区东侧围墙预留地	1	pH、溶解性总固体、高锰酸盐指数、总硬度、砷、石油类、硫化物、总氰化物、挥发酚、甲苯、二甲苯、MTBE	1 次/周
34	乙烯装置预留地	1	pH、溶解性总固体、高锰酸盐指数、总硬度、砷、石油类、硫化物、总氰化物、挥发酚、甲苯、二甲苯、MTBE	1 次/周
35	乙烯装置	1	pH、溶解性总固体、高锰酸盐指数、总硬度、砷、石油类、硫化物、总氰化物、挥发酚、甲苯、二甲苯、MTBE	1 次/周
36	MTBE 装置	1	pH、溶解性总固体、高锰酸盐指数、总硬度、砷、石油类、硫化物、总氰化物、挥发酚、甲苯、二甲苯、MTBE	1 次/周
37	自备电站东侧预留地	1	pH、溶解性总固体、高锰酸盐指数、总硬度、砷、石油类、硫化物、总氰化物、挥发酚、甲苯、二甲苯、MTBE	1 次/周

序号	监测井区域	监测点位数	监测指标	监测频率
38	重整抽提芳烃联合装置	1	电导率、高锰酸盐指数、DO、pH、石油类	1次/月
39	乙烯装置	1	pH、溶解性总固体、高锰酸盐指数、总硬度、砷、石油类、硫化物、总氰化物、挥发酚、甲苯、二甲苯、MTBE	1次/周
40	乙烯装置	1	电导率、高锰酸盐指数、DO、pH、石油类	1次/月
41	第一循环水场	1	pH、溶解性总固体、高锰酸盐指数、总硬度、砷、石油类、硫化物、总氰化物、挥发酚、甲苯、二甲苯、MTBE	1次/周
42	乙烯罐区	1	pH、溶解性总固体、高锰酸盐指数、总硬度、砷、石油类、硫化物、总氰化物、挥发酚、甲苯、二甲苯、MTBE	1次/周
43	化工区中间罐区	1	pH、溶解性总固体、高锰酸盐指数、总硬度、砷、石油类、硫化物、总氰化物、挥发酚、甲苯、二甲苯、MTBE	1次/周
44	化工区中间罐区	1	石油类、电导率、高锰酸盐指数、DO、pH	1次/月
45	自备电站	1	pH、溶解性总固体、高锰酸盐指数、总硬度、砷、石油类、硫化物、总氰化物、挥发酚、甲苯、二甲苯、MTBE	1次/周
46	自备电站	1	电导率、高锰酸盐指数、DO、pH	1次/月
47	空分装置东南角	1	电导率、高锰酸盐指数、DO、pH	1次/月
48	综合污水处理厂	6	pH、溶解性总固体、高锰酸盐指数、总硬度、砷、石油类、硫化物、总氰化物、挥发酚、甲苯、二甲苯、MTBE	1次/周
49	地下水出厂区背景值	2	pH、溶解性总固体、高锰酸盐指数、总硬度、砷、石油类、硫化物、总氰化物、挥发酚、甲苯、二甲苯、MTBE	1次/周
50	厂区南侧××市区方向	3	pH、溶解性总固体、高锰酸盐指数、总硬度、砷、石油类、硫化物、总氰化物、挥发酚、甲苯、二甲苯、MTBE	1次/季度
51	厂区西侧	2	pH、溶解性总固体、高锰酸盐指数、总硬度、砷、石油类、硫化物、总氰化物、挥发酚、甲苯、二甲苯、MTBE	1次/季度
52	污水厂排污管线东南	1	pH、溶解性总固体、高锰酸盐指数、总硬度、砷、石油类、硫化物、总氰化物、挥发酚、甲苯、二甲苯、MTBE	1次/季度

序号	监测井区域	监测点位数	监测指标	监测频率
53	××镇	1	pH、溶解性总固体、高锰酸盐指数、总硬度、砷、石油类、硫化物、总氰化物、挥发酚、甲苯、二甲苯、MTBE	1 次/季度
54	××镇	2	pH、溶解性总固体、高锰酸盐指数、总硬度、砷、石油类、硫化物、总氰化物、挥发酚、甲苯、二甲苯、MTBE	1 次/季度
55	××镇	2	pH、溶解性总固体、高锰酸盐指数、总硬度、砷、石油类、硫化物、总氰化物、挥发酚、甲苯、二甲苯、MTBE	1 次/季度
56	××镇	4	pH、溶解性总固体、高锰酸盐指数、总硬度、砷、石油类、硫化物、总氰化物、挥发酚、甲苯、二甲苯、MTBE	1 次/季度
57	××镇	5	pH、溶解性总固体、高锰酸盐指数、总硬度、砷、石油类、硫化物、总氰化物、挥发酚、甲苯、二甲苯、MTBE	1 次/季度
58	××江	1	pH、溶解性总固体、高锰酸盐指数、总硬度、砷、石油类、硫化物、总氰化物、挥发酚、甲苯、二甲苯、MTBE	1 次/季度

5.8　监测方案描述

监测方案描述是指监测方案的文字或图表表达方式，是对监测方案的具体表达。监测方案中不同要素可以按照以下方式进行描述。

（1）监测点位的描述

所有监测点位均应在监测方案中通过语言描述、图形示意等形式明确体现。描述内容包括监测点位的平面位置及污染物的排放去向等。废水监测点位需明确其所在废水排放口、对应的废水处理工艺，废气排放监测点位需明确其在排放烟道的位置分布、对应的污染源及处理设施。

（2）监测指标的描述

所有监测指标采用表格、语言描述等形式明确体现。监测指标应与监测点位相对应，监测指标内容包括每个监测点位应监测的指标名称、排放限值、排放限值的来源（如标准名称、编号）等。

国家或地方污染物排放（控制）标准、环境影响评价文件及其批复、排污许可证中的污染物，如排污单位确认未排放，监测方案中应明确注明。

（3）监测频次的描述

监测频次应与监测点位、监测指标相对应，每个监测点位的每项监测指标的监测频次都应详细注明。

（4）采样方法的描述

对每项监测指标都应注明其选用的采样方法。废水采集混合样品的，应注明混合样采样个数。废气非连续采样的，应注明每次采集的样品个数。废气颗粒物采样，应注明每个监测点位设置的采样孔和采样点个数。

（5）监测分析方法的描述

对每项监测指标都应注明其选用的监测分析方法名称、来源依据、检出限等内容。

5.9 监测方案变更

当排污单位的排污状况或监测管理要求发生变化，已有监测方案不能满足说清楚污染物排放状况时，需要根据最新的污染物排放状况和管理要求进行变更。一般来说，当有以下情况发生时，应变更监测方案：

1）执行的排放标准发生变化；

2）排放口位置、监测点位、监测指标、监测频次、监测技术任一项内容发生变化；

3）污染源、生产工艺或处理设施发生变化。

除此之外，环境管理对排放监测的要求会有所调整，对于有明确要求的，排污单位应根据最新的管理要求进行调整。例如，《关于加强固定污染源氮磷污染防治的通知》（环水体〔2018〕16 号）对重点区域、重点行业总氮、总磷监测提出了新的要求，相关排污单位应根据通知要求对监测方案进行调整和变更。

对于发放排污许可证的排污单位，监测方案变更可以按照排污许可证的变更程序与其他事项变更一起办理。地方有特殊要求的，按照当地监测方案备案和变更要求办理。

第6章　监测设施设置与维护要求

6.1　基本原则和依据

6.1.1　基本原则

排污单位应当依据国家污染源监测相关标准规范、污染物排放标准、自行监测相关技术指南和其他相关规定等进行监测点位的确定和排污口规范化设置；地方颁布执行的污染源监测标准规范、污染物排放标准等对监测点位的确定和排污口规范化设置有要求时，可按照地方规范、标准从严执行。

6.1.2　相关依据

排污单位的排污口主要包括废水排放口和废气排放口。

目前，国家有关废水监测点位确定及排污口规范化设置的标准规范主要包括：《地表水和污水监测技术规范》（HJ/T 91—2002）、《水污染物排放总量监测技术规范》（HJ/T 92—2002）、《固定污染源监测质量保证与质量控制技术规范（试行）》（HJ/T 373—2007）、《水污染源在线监测系统安装技术规范》（HJ/T 353—2007）等。

废气监测点位确定及规范化设置的标准规范主要包括：《固定污染源排气中颗粒物测定与气态污染物采样方法》（GB/T 16157—1996）、《固定源废气监测技术规范》（HJ/T 397—2007）、《固定污染源监测质量保证与质量控制技术规范（试行）》（HJ/T 373—2007）、《固定污染源烟气（SO_2、NO_x、颗粒物）排放连续监测技术规范（HJ 75—2017）、《固定污染源烟气（SO_2、NO_x、颗粒物）排放连续监测系统技术要求及检测方法》（HJ 76—2017）等。

对于各类污染物排放口监测点位标志牌的规范化设置，主要依据原国家环境保护总局于 2003 年发布的《排放口标志牌技术规格》（2003 年 10 月 15 日，国家环保总局　环办〔2003〕95 号），以及《环境保护图形标志——排放口（源）》（GB 15562.1—1995）等执行。

此外，原国家环境保护局于 1996 年发布的《排污口规范化整治技术要求（试行）》（1996 年 5 月 20 日，国家环保局　环监〔1996〕470 号）对排污口规范化整治技术提出了总体要求，部分省、自治区、直辖市、地级市也对本辖区排污口的规范化管理发布了技术规定、标准；各行业污染物排放标准以及各重点行业的排污单位自行监测的相关技术指南则对废水、废气排放口监测点位进行了进一步明确。

6.2　废水监测点位的确定及排污口规范化设置

6.2.1　废水排放口的类型及监测点位确定

排污单位的废水排放口一般包括排污单位废水总排口、排污单位车间废水排放口、雨水排放口、生活污水排放口等。

废水总排口排放的废水一般应包括排污单位的生产废水、生活废水、初期雨水、事故废水等，开展自行监测的排污单位均须在废水总排口设置监测点位。

对于排放一类污染物的排污单位，即排放环境中难以降解或能在动植物体内蓄积，对人体健康和生态环境产生长远不良影响，具有致癌、致畸、致突变污染物的排污单位，必须在车间废水排放口设置监测点位，对一类污染物进行监测。

考虑到排污单位生产过程中，可能会有部分污染物通过雨排系统排入外环境，因此排污单位还应在雨水排放口设置监测点位，并在雨水排放口排放期间开展监测。

部分排污单位的生产污水和生活废水分别设置排放口，对于此类排污单位，除在生产废水排放口设置监测点位外，还应在生活废水排放口设置监测点位。

此外，排污单位还应根据各行业自行监测技术指南的相关要求，设置监测点位。

6.2.2　废水排放口的规范化设置

废水排放口的设置，应达到如下要求：

1）废水排放口可以是矩形、圆管形或梯形，一般使用混凝土、钢板或钢管等原料。

2）废水排放口应设置规范的、便于测量流量和流速的测流段，测流段水流应平直、稳定、集中，无下游水流顶托影响，上游顺直长度应大于 5 倍测流段最大水面宽度，同时测流段水深应大于 0.1 m 且不超过 1 m。

3）废水排放口应能够方便安装三角堰、矩形堰、测流槽等测流装置或其他计量装置。

4）有废水自动监测设施的排放口，还应能够满足安装污水水量自动计量装置（如超声波明渠流量计、管道式电磁流量计等）、采样取水系统、水质自动采样器等设备、设施的要求。

5）排污单位应单独设置各类废水排放口，避免多家不同排污单位共用一个废水排放口。

6.2.3　采样点及监测平台的规范化设置

各类废水排放口监测点位的实际具体采样位置即采样点，一般应设在厂界内或厂界外不超过 10 m 范围内。压力管道式排放口应安装取样阀门；废水直接从暗渠排入市政管道的，应在企业界内或排入市政管道前设置取样口。有条件的排污单位应尽量设置一段能满足采样条件的明渠，以方便采样。

污水面在地下或距地面超过 1 m，应建取样台阶或梯架。

废水监测平台面积应不小于 1 m²，平台应设置高度不低于 1.2 m 的防护栏、高度不低于 10 cm 的踢脚板。监测平台、梯架通道及防护栏的相关设计载荷及制造安装应符合《固定式钢梯及平台安全要求　第 3 部分：工业防护栏杆及钢平台》（GB 4053.3）的要求。

应保证污水监测点位场所通风、照明正常，应在有毒有害气体的监测场所设置强制通风系统，并安装相应的气体浓度报警装置。

6.2.4　废水自动监测设施的规范化设置

6.2.4.1　监测站房的设置

废水自动监测站房的设置，应达到如下要求：

1）新建监测站房面积应不小于 7 m²。监测站房应尽量靠近采样点，与采样点的距离不宜大于 50 m。监测站房应做到专室专用。

2）监测站房应密闭，安装空调，保证室内清洁，环境温度、相对湿度和大气压等应符合《工业自动化仪表工作条件 温度、湿度和大气压力》（ZBY 120）的要求。

3）监测站房内应有安全合格的配电设备，能提供足够的电力负荷，不小于 5 kW。站房内应配置稳压电源。

4）监测站房内应有合格的给、排水设施，应使用自来水清洗仪器及有关装置。

5）监测站房应有完善规范的接地装置和避雷措施、防盗和防止人为破坏的设施。

6）监测站房如采用彩钢夹芯板搭建，应符合相关临时性建（构）筑物设计和建造要求。

7）监测站房内应配备灭火器箱、手提式二氧化碳灭火器、干粉灭火器或沙桶等。

8）监测站房不能位于通讯盲区。

9）监测站房的设置应避免对企业安全生产和环境造成影响。

6.2.4.2 采样取水系统的设置

废水自动监测设备的采样取水系统设置，应达到如下要求：

1）采样取水系统应保证采集有代表性的水样，并保证将水样无变质地输送至监测站房供水质自动分析仪取样分析或采样器采样保存。

2）采样取水系统应尽量设在废水排放堰槽取水口头部的流路中央，采水的前端设在下流的方向，减少采水部前端的堵塞。测量合流排水时，在合流后充分混合的场所采水。采样取水系统宜设置成可随水面的涨落而上下移动的形式。应同时设置人工采样口，以便进行比对试验。

3）采样取水系统的构造应有必要的防冻和防腐设施。

4）采样取水管材料应对所监测项目没有干扰，并且耐腐蚀。取水管应能保证水质自动分析仪所需的流量。采样管路应采用优质的硬质 PVC 或 PPR 管材，严禁使用软管做采样管。

5）采样泵应根据采样流量、采样取水系统的水头损失及水位差合理选择。取水采样泵应对水质参数没有影响，并且使用寿命长、易维护。采样取水系统的安装应便于采样泵的安置及维护。

6）采样取水系统宜设有过滤设施，防止杂物和粗颗粒悬浮物损坏采样泵。

7）氨氮水质自动分析仪采样取水系统的管路设计应具有自动清洗功能，宜采用加臭氧、二氧化氯或加氯等冲洗方式。应尽量缩短采样取水系统与氨氮水质自动分析仪之间输送管路的长度。

6.2.4.3 现场废水自动分析仪的设置

现场废水自动分析仪的设置，应达到如下要求：

1）现场水质自动分析仪应落地或壁挂式安装，有必要的防震措施，保证设备安装牢固稳定。在仪器周围应留有足够空间，方便仪器维护。现场水质自动分析仪的安装还应满足《自动化仪表工程施工及质量验收规范》（GB 50093—2013）的相关要求。其他要求参照仪器相应说明书内容。

2）安装高温加热装置的现场水质自动分析仪，应避开可燃物和严禁烟火的场所。

3）现场水质自动分析仪与数据采集传输仪的电缆连接应可靠稳定，并尽量缩短信号传输距离，减少信号损失。

4）各种电缆和管路应加保护管辅于地下或空中架设，空中架设的电缆应附着在牢固的桥架上，并在电缆和管路以及电缆和管路的两端标上明显标识。电缆线路的施工还应满足《电气装置安装工程电缆线路施工及验收规范》（GB 50168）的相关要求。

5）现场水质自动分析仪工作所必需的高压气体钢瓶，应稳固固定在监测站房的墙上，防止钢瓶跌倒。

6）必要时（如南方的雷电多发区），仪器和电源也应设置防雷设施。

6.3　废气监测点位的确定及规范化设置

6.3.1　废气排放口类型及监测点位的确定

排污单位的废气排放口一般包括生产设施工艺废气排放口、自备火力发电机组（厂）或配套动力锅炉废气排放口、污染处理设施排放口（如自备危险废物焚烧炉废气排放口、污水处理设施废气排放口）等。

排气筒（烟道）是目前排污单位废气有组织排放的主要排放口，因此，有组织废气的监测点位通常设置在排气筒（烟道）的横截断面（即监测断面）上，并通过监测断面上的监测孔完成废气污染物的采样监测及流速、流量等废气参数的测量。

废气排放口监测点位的确定包括监测断面的设置及监测孔的设置两个部分。排污单位应按照相关技术规范、标准的规定，根据所监测的污染物类别、监测技术手段的不同要求，先确定具体的废气排放口监测断面位置，再确定监测断面上监测孔的位置、数量。

6.3.2　监测断面规范化设置

6.3.2.1　基本要求

废气排放口监测断面包括手工监测断面和自动监测断面，监测断面设置应满足以下基本要求：

1）监测断面应避开对测试人员操作有危险的场所，并在满足相关监测技术规范、标准规定的前提下，尽量选择方便监测人员操作、设备运输、安装的位置进行设置。

2）若一个固定污染源排放的废气先通过多个烟道或管道后进入该固定污染源的总排气管时，应尽可能将废气监测断面设置在总排气管上，不得只在其中的一个烟道或管道上设置监测断面开展监测，并将测定值作为该源的排放结果；但允许在每个烟道或管道上均设置监测断面同步开展废气污染物排放监测。

（3）一般优先选择设置在烟道垂直管段和负压区域，应避开烟道弯头和断面急剧变化的部位，确保所采集样品的代表性。

6.3.2.2　手工监测断面设置的具体要求

对于废气手工监测断面，在满足"6.3.2.1"中基本要求的同时，还应按照以下具体规定进行设置：

（1）颗粒态污染物及流速、流量监测断面

1）监测断面的流速应不小于 5 m/s；

2）监测断面位置应位于在距弯头、阀门、变径管下游方向不小于 6 倍直径（当量直径）和距上述部件上游方向不小于 3 倍直径（当量直径）处；

对矩形烟道，其当量直径按式（6-1）计算。

$$D = \frac{2AB}{A+B} \qquad (6\text{-}1)$$

式中：A、B——边长。

3）现场空间位置有限，很难满足 2）中要求时，可选择比较适宜的管段采样。手工监测位置与弯头、阀门、变径管等的距离至少是烟道直径的 1.5 倍，并应适当增加测点的数量和采样频次。

（2）气态污染物监测断面

手工监测时若需要同步监测颗粒态污染物及流速、流量，则监测断面应按照"6.3.2.2（1）"中相关要求设置；否则，可不按上述要求设置，但要避开涡流区。

6.3.2.3　自动监测断面设置的具体要求

对于废气自动监测断面，在满足"6.3.2.1"中基本要求的同时，还应按照以下具体规定进行设置：

（1）一般要求

1）位于固定污染源排放控制设备的下游和比对监测断面、比对采样监测孔的上游，且便于用参比方法进行校验；

2）不受环境光线和电磁辐射的影响；

3）烟道振动幅度尽可能小；

4）安装位置应尽量避开烟气中水滴和水雾的干扰，如不能避开，应选用能够适用的检测探头及仪器；

5）安装位置不漏风；

6）固定污染源烟气净化设备设置有旁路烟道时，应在旁路烟道内安装自动监测设备采样和分析探头。

（2）颗粒态污染物及流速、流量监测断面

1）监测断面的流速应不小于 5 m/s；

2）用于颗粒物及流速自动监测设备采样和分析探头的安装的监测断面位置，应设置在距弯头、阀门、变径管下游方向不小于 4 倍烟道直径，以及距上述部件上游方向不小于 2 倍烟道直径处。矩形烟道当量直径可按照"6.3.2.2"中式（6-1）计算；

3）无法满足 2）中要求时，颗粒物及流速自动监测设备采样和分析探头的安装位置尽可能选择在气流稳定的断面，并采取相应措施保证监测断面烟气分布相对均匀且断面无紊流。对烟气分布均匀程度的判定采用相对均方根 σ_r 法，当 $\sigma_r \leqslant$ 0.15 时视为烟气分布均匀，σ_r 按式（6-2）计算。

$$\sigma_r = \sqrt{\frac{\sum_{i=1}^{n}(v_i - \bar{v})^2}{(n-1) \times (\bar{v})^2}} \qquad (6-2)$$

式中：v_i——测点烟气流速，m/s；

$\bar{v}$——截面烟气平均流速，m/s；

n——截面上的流速测点数目，测点的选择按照《固定污染源排气中颗粒物与气态污染物采样方法》（GB/T 16157）执行。

（3）气态污染物监测断面

1）对于气态污染物自动监测设备采样和分析探头的安装位置，应设置在距弯头、阀门、变径管下游方向不小于 2 倍烟道直径，以及距上述部件上游方向不小于 0.5 倍烟道直径处。矩形烟道当量直径可按照"6.3.2.2"中式（6-1）计算；

2）无法满足 1）中要求时，应按照"6.3.2.3"中的相关要求及式（6-2），设置监测断面；

3）同步进行颗粒态污染物及流速、流量监测的，应优先满足颗粒态污染物及流速、流量监测断面的设置条件，监测断面的流速应不小于 5 m/s。

6.3.3　监测孔的规范化设置

6.3.3.1　监测孔规范化设置的基本要求

监测孔一般包括用于废气污染物排放监测的手工监测孔、用于废气自动监测设备校验的参比方法采样监测孔。具体见图 6-1。

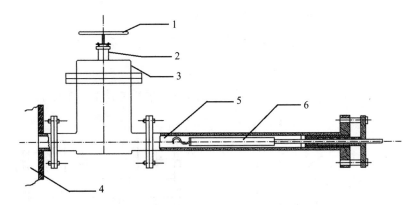

1—闸板阀手轮；2—闸板阀阀杆；3—闸板阀阀体；4—烟道；5—监测孔管；6—采样枪

图 6-1　带有闸板阀的密封监测孔

监测孔的设置应满足以下基本要求：

1）监测孔位置应便于人员开展监测工作，应设置在规则的圆形或矩形烟道上，不宜设置在烟道的顶层。

2）对于输送高温或有毒有害气体的烟道，监测孔应开在烟道的负压段；若负压段满足不了开孔需求，对正压下输送高温和有毒气体的烟道，应安装带有闸板阀的密封监测孔。

3）监测孔的内径一般不小于 80 mm，新建或改建污染源废气排放口监测孔的内径应不小于 90 mm；监测孔管长不大于 50 mm（安装闸板阀的监测孔管除外）。监测孔在不使用时用盖板或管帽封闭，在监测使用时应易开合。

6.3.3.2　手工监测开孔的具体要求

在确定的监测断面上设置手工监测的监测孔时，应在满足"6.3.3.1"中基本要求的同时，按照以下具体规定设置：

1）若监测断面为圆形的烟道，监测孔应设在包括各测点在内的互相垂直的直径线上，其中，断面直径小于 3 m 时，应设置相互垂直的两个监测孔；断面直径大于 3 m 时，应尽量设置相互垂直的四个监测孔。见图 6-2。

2）若监测断面为矩形烟道，监测孔应设在包括各测点在内的延长线上，其中，监测断面宽度大于 3 m 时，应尽量在烟道两侧对开监测孔，具体监测孔数量按照《固定污染源排气中颗粒物与气态污染物采样方法》（GB/T 16157）的要求确定。见图 6-3。

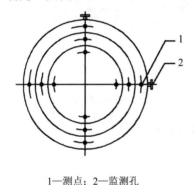

1—测点；2—监测孔

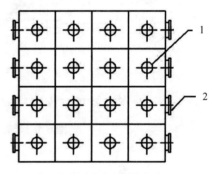

1—测点；2—监测孔

图 6-2　圆形断面测点与监测孔示意图　　　图 6-3　矩形断面测点与监测孔示意图

6.3.3.3　自动监测设备参比方法采样监测开孔的具体要求

废气自动监测设备参比方法采样监测孔的设置，在满足"6.3.3.1"中基本要求的同时，还应按照以下具体规定设置：

1）应在自动监测断面下游预留参比方法采样监测孔，在互不影响测量的前提下，参比方法采样监测孔应尽可能靠近废气自动监测断面，距离约 0.5 m 为宜。

2）对于监测断面为圆形的烟道，参比方法采样监测孔应设在包括各测点在内的互相垂直的直径线上，其中，断面直径小于 4 m 时，应设置相互垂直的两个监测孔；断面直径大于 4 m 时，应尽量设置相互垂直的四个监测孔。

3）若监测断面为矩形烟道，参比方法采样监测孔应设在包括各测点在内的延长线上，监测断面宽度大于 4 m 时，应尽量在烟道两侧对开监测孔，具体监测孔数量按照《固定污染源排气中颗粒物与气态污染物采样方法》（GB/T 16157）的要求确定。

6.3.4　监测平台的规范化设置

监测平台应设置在监测孔的正下方 1.2～1.3 m 处，应安全、便于开展监测活动，必要时应设置多层平台以满足与监测孔距离的要求。

仅用于手工监测的平台可操作面积至少应大于 1.5 m^2（长度、宽度均不小于 1.2 m），最好应在 2 m^2 以上。用于安装废气自动监测设备和进行参比方法采样监测的平台面积至少在 4 m^2 以上（长度、宽度均不小于 2 m），或不小于采样枪长度外延 1 m。

监测平台应易于人员和监测仪器到达。应根据平台高度，按照《固定式钢梯及平台安全要求　第 1 部分：钢直梯》（GB 4053.1—2009）、《固定式钢梯及平台安全要求　第 2 部分：钢斜梯》（GB 4053.2—2009）的要求，设置直梯或斜梯。当监测平台距离地面或其他坠落面超过 2 m 时，不应设置直梯，应有通往平台的斜梯、旋梯或通过升降梯、电梯到达，斜梯、旋梯宽度应不小于 0.9 m，梯子倾角不超过 45°，见图 6-4。其他具体指标详见 GB 4053.1—2009、GB 4053.2—2009。监测平台距离地面或其他坠落面超过 20 m 时，应有通往平台的升降梯。

监测平台、通道的防护栏杆的高度应不低于 1.2 m，踢脚板不低于 10 cm。见图 6-5。监测平台、通道、防护栏的设计载荷、制造安装、材料、结构及防护要求应符合《固定式钢梯及平台安全要求　第 3 部分：工业防护栏杆及钢平台》（GB 4053.3—2009）的要求。

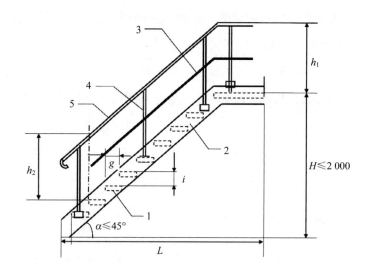

1—踏板；2—梯梁；3—中间栏杆；4—立柱；5—扶手；H—梯高；L—梯跨；

h_1—栏杆高；h_2—扶手高；α—梯子倾角；i—踏步高；g—踏步宽

图6-4　固定式钢斜梯

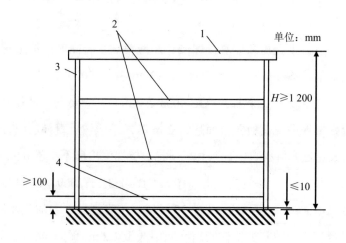

1—扶手（顶部栏杆）；2—中间栏杆；3—立柱；4—踢脚板；H—栏杆高度

图6-5　防护栏杆

监测平台应设置一个防水低压配电箱，内设漏电保护器、不少于 2 个 16 A 插座及 2 个 10 A 插座，保证监测设备所需电力。

监测平台附近有造成人体机械伤害、灼烫、腐蚀、触电等危险源的，应在平台相应位置设置防护装置。监测平台上方有坠落物体隐患时，应在监测平台上方高处设置防护装置。防护装置的设计与制造应符合《机械安全防护装置固定式和活动式防护装置设计与制造一般要求》（GB/T 8196—2003）的规定。

排放剧毒、致癌物及对人体有严重危害物质的监测点位应储备相应安全防护装备。

6.3.5　废气自动监测设施的规范化设置

6.3.5.1　监测站房的设置

废气自动监测站房的设置，应达到如下要求：

1）应为室外的废气自动监测系统提供独立站房，监测站房与采样点之间距离应尽可能近，原则上不超过 70 m。

2）监测站房的基础荷载强度应不小于 2 000 kg/m²。若站房内仅放置单台机柜，面积应不小于 2.5 m×2.5 m。若同一站房放置多套分析仪表的，每增加一台机柜，站房面积至少增加 3 m²，便于开展运维操作。站房空间高度应不小于 2.8 m，站房建在标高不小于 0 m 处。

3）监测站房内应安装空调和采暖设备，室内温度应保持在 15～30℃，相对湿度应不大于 60%，空调应具有来电自动重启功能，站房内应安装排风扇或其他通风设施。

4）监测站房内配电功率能够满足仪表实际要求，功率不少于 8 kW，至少预留三孔插座五个、稳压电源一个、不间断电源一个。

5）监测站房内应配备不同浓度的有证标准气体，且在有效期内。标准气体应当包含零气（即含二氧化硫、氮氧化物浓度均≤0.1 μmol/mol 的标准气体，一般为高纯氮气，纯度≥99.999%；当测量烟气中二氧化碳时，零气中二氧化碳≤400 μmol/mol，其他气体的浓度不得干扰仪器的读数）和 CEMS 测量的各种气体（SO_2、NO_x、O_2）的量程标气，以满足日常零点、量程校准、校验的需要。低浓度标准气体可由高浓度标准气体通过经校准合格的等比例稀释设备获得（精密度≤1%），也可单独配备。

6）监测站房应有必要的防水、防潮、隔热、保温措施，在特定场合还应具备防爆功能。

7）监测站房应具有能够满足废气自动监测系统数据传输要求的通讯条件。

6.3.5.2 自动监测设备的安装施工要求

1）废气自动监测系统安装施工应符合《自动化仪表工程施工及质量验收规范》（GB 50093—2013）、《电气装置安装工程电缆线路施工及验收规范》（GB 50168 —2016）的规定。

2）施工单位应熟悉废气自动监测系统的原理、结构、性能，编制施工方案、施工技术流程图、设备技术文件、设计图样、监测设备及配件货物清单交接明细表、施工安全细则等有关文件。

3）设备技术文件应包括资料清单、产品合格证、机械结构、电气、仪表安装的技术说明书、装箱清单、配套件、外购件检验合格证和使用说明书等。

4）设计图样应符合技术制图、机械制图、电气制图、建筑结构制图等标准的规定。

5）设备安装前的清理、检查及保养应符合以下要求：

①按交货清单和安装图样明细表清点检查设备及零部件，缺损件应及时处理，更换补齐；

②运转部件如取样泵、压缩机、监测仪器等，滑动部位均需清洗、注油润滑防护；

③因运输造成变形的仪器、设备的结构件应校正，并重新涂刷防锈漆及表面

油漆，保养完毕后应恢复原标记。

6）现场端连接材料（垫片、螺母、螺栓、短管、法兰等）为焊件组对成焊时，壁（板）的错边量应符合以下要求：

①管子或管件对口、内壁齐平，最大错边量≥1 mm；

②采样孔的法兰与连接法兰几何尺寸极限偏差不超过±5 mm，法兰端面的垂直度极限偏差≤0.2%；

③采用透射法原理颗粒物监测仪器发射单元和颗粒物监测仪反射单元，测量光束从发射孔的中心出射到对面中心线相叠合的极限偏差≤0.2%。

7）从探头到分析仪的整条采样管线的铺设应采用桥架或穿管等方式，保证整条管线具有良好的支撑。管线倾斜度≥5°，防止管线内积水，在每隔 4～5 m 处装线卡箍。当使用伴热管线时应具备稳定、均匀加热和保温的功能；其设置加热温度≥120℃，且应高于烟气露点温度 10℃以上，其实际温度值应能够在机柜或系统软件中显示查询。

8）电缆桥架安装应满足最大直径电缆的最小弯曲半径要求。电缆桥架的连接应采用连接片。配电套管应采用钢管和 PVC 管材质配线管，其弯曲半径应满足最小弯曲半径要求。

9）应将动力与信号电缆分开敷设，保证电缆通路及电缆保护管的密封，自控电缆应符合输入和输出分开、数字信号和模拟信号分开的配线和敷设的要求。

10）安装精度和连接部件坐标尺寸应符合技术文件和图样规定。监测站房仪器应排列整齐，监测仪器顶平直度和平面度应不大于 5 mm，监测仪器牢固固定，可靠接地。二次接线正确、牢固可靠，配导线的端部应标明回路编号。配线工艺整齐，绑扎牢固，绝缘性好。

11）各连接管路、法兰、阀门封口垫圈应牢固完整，均不得有漏气、漏水现象。保持所有管路畅通，保证气路阀门、排水系统安装后应畅通和启闭灵活。自动监测系统空载运行 24 h 后，管路不得出现脱落、渗漏、振动强烈现象。

12）反吹气应为干燥清洁气体，反吹系统应进行耐压强度试验，试验压力为常用工作压力的 1.5 倍。

13）电气控制和电气负载设备的外壳防护应符合《外壳防护等级》（GB 4208）的技术要求，户内达到防护等级 IP24 级，户外达到防护等级 IP54 级。

14）防雷、绝缘要求：

①系统仪器设备的工作电源应有良好的接地措施，接地电缆应采用大于 4 mm² 的独芯护套电缆，接地电阻小于 4 Ω，且不能和避雷接地线共用；

②平台、监测站房、交流电源设备、机柜、仪表和设备金属外壳、管缆屏蔽层和套管的防雷接地，可利用厂内区域保护接地网，采用多点接地方式。厂区内不能提供接地线或提供的接地线达不到要求的，应在站房附近重做接地装置；

③监测站房的防雷系统应符合《建筑物防雷设计规范》（GB 50057—2016）的规定。电源线和信号线设防雷装置；

④电源线、信号线与避雷线的平行净距离≥1 m，交叉净距离≥0.3 m，见图 6-6；

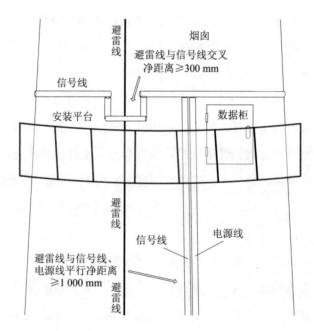

图 6-6　电源线、信号线与避雷线距离示意图

⑤由烟囱或主烟道上数据柜引出的数据信号线要经过避雷器引入监测站房，应将避雷器接地端同站房保护地线可靠连接；

⑥信号线为屏蔽电缆线，屏蔽层应有良好绝缘，不可与机架、柜体发生摩擦、打火，屏蔽层两端及中间均需做接地连接，见图 6-7。

图 6-7　信号线接地示意图

6.4　排污口标志牌的规范化设置

6.4.1　标志牌设置的基本要求

排污单位应在排污口及监测点位设置标志牌，标志牌分为提示性标志牌和警告性标志牌两种。提示性标志牌用于向人们提供某种环境信息，警告性标志牌用于提醒人们注意污染物排放可能会造成危害。

一般性污染物排放口及监测点位应设置提示性标志牌。排放剧毒、致癌物及对人体有严重危害物质的排放口及监测点位应设置警告性标志牌，警告标志图案应设置于警告性标志牌的下方。

标志牌应设置在距污染物排放口及监测点位较近且醒目处，并能长久保留。

排污单位可根据监测点位情况，设置立式或平面固定式标志牌。

6.4.2　标志牌技术规格

6.4.2.1　环保图形标志

（1）环保图形标志必须符合原国家环境保护局和国家技术监督局发布的中华

人民共和国国家标准《环境保护图形标志——排放口（源）》（GB 15562.1—1995）。

（2）图形颜色及装置颜色

1）提示标志：底和立柱为绿色，图案、边框、支架和文字为白色；

2）警告标志：底和立柱为黄色，图案、边框、支架和文字为黑色。

（3）辅助标志内容

1）排放口标志名称；

2）单位名称；

3）排放口编号；

4）污染物种类；

5）××环境保护局监制；

6）排放口经纬度坐标、排放去向、执行的污染物排放标准、标志牌设置依据的技术标准等。

（4）辅助标志字型：黑体字

（5）标志牌尺寸

1）平面固定式标志牌外形尺寸：提示标志牌为 480 mm×300 mm；警告标志牌为边长 420 mm；

2）立式固定式标志牌外形尺寸：提示标志牌为 420 mm×420 mm；警告标志牌为边长 560 mm；高度为标志牌上端距地面 2 m，下端距地面 0.3 m。

6.4.2.2 其他要求

（1）标志牌材料

1）标志牌采用 1.5～2 mm 冷轧钢板；

2）立柱采用 38×4 无缝钢管；

3）表面采用搪瓷或者反光贴膜。

（2）标志牌的表面处理

1）搪瓷处理或贴膜处理；

2）标志牌的端面及立柱要经过防腐处理。

（3）标志牌的外观质量要求

1）标志牌、立柱无明显变形；

2）标志牌表面无气泡，膜或搪瓷无脱落；

3）图案清晰，色泽一致，不得有明显缺损；

4）标志牌的表面不应有开裂、脱落及其他破损。

6.5　排污口规范化的日常管理与档案记录

排污单位应将排污口规范化建设纳入企业生产运行的管理体系中，制定相应的管理办法和规章制度，选派专职人员对排污口及监测点位进行日常管理和维护，并保存相关管理记录。

排污单位应建立排污口及监测点位档案。档案内容除包括排污口及监测点位的位置、编号、污染物种类、排放去向、排放规律、执行的排放标准等基本信息外，还应包括相关日常管理的记录，如标志牌的内容是否清晰完整，监测平台、各类梯架、监测孔、自动监测设施等是否能够正常使用，废水排放口是否损坏，排气筒有无漏风、破损现象等方面的检查记录，以及相应的维护、维修记录。

排污口及监测点位一经确认，排污单位不得随意变动。监测点位位置、排污口排放的污染物发生变化的，或排污口须拆除、增加、调整、改造或更新的，应按相关要求及时向环境保护主管部门报备，并及时设立新的标志牌或更换标志牌相应内容。

第 7 章　监测活动开展的依据

7.1　监测活动开展方式和应具备的条件

7.1.1　监测活动开展方式分类

监测活动开展是自行监测的核心。在监测组织方式上，开展监测活动时可以选择依托自有人员、设备、场地开展自行监测，也可以委托有资质的社会化监测机构开展监测。在监测技术手段上，无论是自行监测还是委托监测，都可以采用手工监测和自动监测的方式。

排污单位首先根据自行监测方案明确需要开展监测的点位、监测项目、监测频次，在此基础上根据不同监测项目的监测要求分析本单位是否具备开展自行监测的条件。具备监测条件的项目，可选择自行开展监测；不具备监测条件的项目，排污单位可根据自身实际情况，决定是否提升自身监测能力，以满足自行监测的条件。如果通过筹建实验室、购买仪器、聘用人员等方式满足了自行开展监测条件的，可以选择自行开展监测。若排污单位不想自行开展监测，而选择委托社会化监测机构开展监测，那么需要按照不同监测项目检查拟委托的社会化监测机构是否具备承担委托监测任务的条件。若拟委托的社会化监测机构具备条件，则可委托社会化监测机构开展委托监测；若不具备条件，则应更换具备条件的社会化监测机构承担相应的监测任务。由此来说，对于同一排污单位，存在三种情况：全部自行监测、全部委托监测、部分自行监测部分委托监测。同一排污单位，不同监测项目，可委托多家社会化监测机构开展监测，见图 7-1。

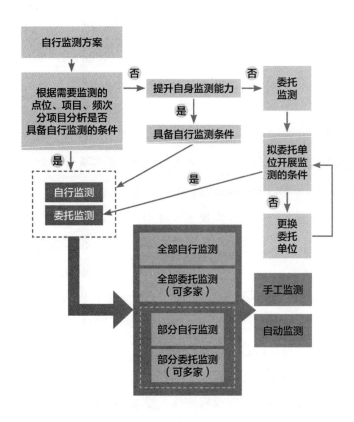

图 7-1　排污单位自行监测活动开展方式选择流程图

无论自行监测还是委托监测，都应当按照自行监测方案要求，确定各监测点位、监测项目的监测技术手段。对于明确要求开展自动监测的点位及项目，应采用自动监测的方式，其他点位和项目可根据排污单位实际，确定是否采用自动监测。不采用自动监测的项目，应采用手工监测方式开展监测。

采用自动监测方式的项目，应该按照相应技术规范的要求，定期采用手工监测方式进行校验。

7.1.2　监测活动开展应具备的条件

7.1.2.1　自行监测应具备的条件

自行承担监测活动的，应具备开展相应监测项目的能力，不具备的，应建立相应的监测能力，具体来说可从以下几方面来考虑。

（1）人员

自行监测作为排污单位环境管理的关键环节和重要基础，人才是关键，高素质的环境监测人员队伍为企业自行监测事业提供坚强的人才保障。

排污单位应成立专门的环境监测机构，落实环境监测经费，赋予相应的工作定位和职能，配备充足的环境监测技术人员和管理人员。在人员比例上，要考虑各类技术人员的组成，如可要求高级技术人员占技术人员总数比例不低于20%，中级不低于50%。

排污单位应与其人员建立固定的劳动关系，明确技术人员和管理人员的岗位职责、任职要求和工作关系，使其满足岗位要求并具有所需的权力和资源，履行建立、实施、保持和持续改进管理体系的职责。

排污单位监测机构最高管理者应组织和负责管理体系的建立和有效运行；确保制定质量方针和质量目标；确保管理体系要求融入检验检测的全过程；确保管理体系所需的资源；确保管理体系实现其预期结果；满足相关法律法规要求和客户要求，提升客户满意度；运用过程方法建立管理体系和分析风险、机遇；组织质量管理体系的管理评审。

排污单位应对操作设备、检测、签发检测报告等人员进行能力确认并发放上岗证，由熟悉检测目的、程序、方法和结果评价的人员，对检测人员进行质量监督。

排污单位应制订人员培训计划，明确培训需求和实施人员培训，并评价这些培训活动的有效性。

排污单位应保留技术人员的相关资格、能力确认、授权、教育、培训和监督的记录。

（2）设施与环境条件

排污单位应配备用于检测的实验室设施，包括能源、照明和环境条件等，实验室设施应有助于检测的正确实施。

实验室宜集中布置，做到功能分区明确、布局合理、互不干扰，对于有温湿度控制要求的实验室，建筑设计应采取相应技术措施；实验室应有相应的安全消防保障措施。

实验室设计必须执行国家现行有关安全、卫生及环境保护法规和规定，对限制人员进入的实验区域应在其明显部位或门上设置警告装置或标志。

凡是进行对人体有害的气体、蒸汽、气味、烟雾、挥发物质等实验工作的实验室，应设置通风柜，实验室需维持负压，向室外排风必须经特殊过滤；凡是经常使用强酸、强碱或其他易引起烧伤的化学品的实验室，在出口宜就近设置应急喷淋和应急洗眼器等装置。

实验室用房一般照明的照度均匀度，其最低照度与平均照度之比不宜小于0.7，微生物实验室宜设置紫外灭菌灯，其控制开关应设在门外并与一般照明灯具的控制开关分开设置。

为了确保监测结果准确性，排污单位应做到：对影响监测结果的设施和环境条件应制定相应的技术文件。如果规范、方法和程序有要求，或对结果的质量有影响时，实验室应监测、控制和记录环境条件。当环境条件危及检测的结果时，应停止检测。应将不相容活动的相邻区域进行有效隔离。对影响检测质量的区域的进入和使用，应加以控制。应采取措施确保实验室的良好内务，必要时应制定专门的程序。

（3）仪器设备

排污单位应配备进行检测（包括采样、样品前处理、数据处理与分析）所要求的所有设备，用于检测的设备及其软件应达到要求的准确度，并符合检测相应的规范要求。根据开展的监测项目，可以考虑配备的仪器设备包括：气相色谱仪、液相色谱仪、离子色谱仪、原子吸收光谱仪、原子荧光光谱仪、红外测油仪、分光光度计、万分之一天平、马弗炉、烘箱、烟气烟尘测定仪、pH 计等。对结果有重要影响的仪器的分量或值，应制订校准计划。设备在投入工作前应进行校准或核查，以证实其能够满足实验室的规范要求和相应的标准规范。

仪器设备应由经过授权的人员操作，大型仪器设备应有仪器设备操作规程，应有仪器设备运行和保养记录；每一台仪器设备及其软件均应有唯一性标识；应保存对检测具有重要影响的每一台仪器设备及软件的记录并存档。

（4）实验室质量体系

排污单位应建立实验室质量体系文件，制定质量手册、程序文件、作业指导书等文件，并通过实验室资质认定和实验室认可等资质，采取质量保证和质量控制措施，确保自行监测数据可靠。

7.1.2.2　委托单位应具备的条件

排污单位委托社会化监测机构开展自行监测的，也应对自行监测数据真实性负责，因此排污单位应重视对委托单位的监督管理。其中，具备监测资质，是委托单位承接监测活动的前提条件和基本要求。

接受自行监测任务的社会化监测机构应具备监测相应项目的资质，即所出具的检测报告必须能够加盖 CMA 印章。排污单位除应对资质进行检查外，还应该加强对委托单位的事前、事中、事后监督管理。

选择拟委托的社会化监测机构前，应对委托机构的既往业绩、实验室条件、人员条件等进行检查，重点考察社会化监测机构是否有开展本单位委托项目的经验，是否具备承担本单位委托任务的能力，是否存在弄虚作假的历史等。

委托单位开展监测活动过程中，排污单位应定期和不定期地抽检委托单位的监测记录，若有存疑的地方，可开展现场检查。

每年报送全年监测报告前，排污单位应对委托单位的监测数据进行全面检查，包括监测的全面性、记录的规范性、监测数据的可靠性等，确保委托单位按照要求开展监测。

7.1.3　监测活动开展的依据

为保证监测活动的规范性，提高监测数据的准确性和代表性，监测活动应按照国家和地方发布的各项监测技术规范开展。

经过 30 多年的发展，我国已建立了较为完善的固定污染源监测技术体系，为准确掌握固定污染源排放现状、环境监督执法、标准制修订和各项环境管理制度的有效实施，以及履行国际公约提供了可靠的技术保障。"十三五"以来，我国的环境管理进入以环境质量改善为核心的新时期。面对严峻的环境质量形势，需要对污染源进行更加严格的管理。污染源监测是污染源管理的基础支撑，污染源监测的开展依赖监测技术的不断创新完善，需要适应新时期污染源管理需求，对污染源监测技术进行系统梳理，形成系统、科学的污染源监测技术体系，为进一步完善污染源监测技术，实现污染源管理的科学化、系统化、精细化、法制化、信息化奠定基础。

对污染源监测的全过程（点位布设、样品采集、样品储运、分析测试、数据处理、质量保证与质量控制等）进行规范，需要统一的技术规范、方法标准、设备技术要求等污染源手工监测技术标准和自动监测技术标准，科学实施污染源监测。我国污染源监测技术体系框架见图 7-2。

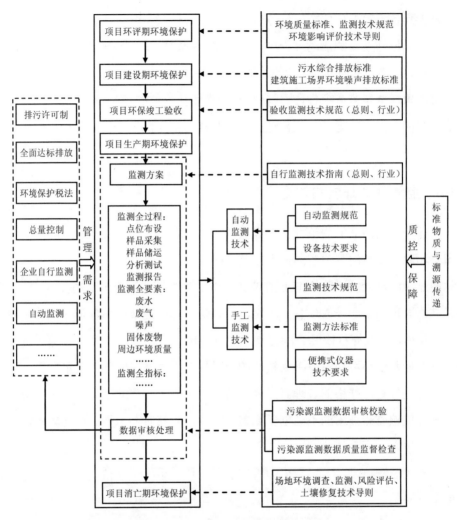

图7-2 我国污染源监测技术体系框架

7.2 我国自行监测活动开展的规范标准

排污单位制定好自行监测方案后，就应遵循国家、行业、地方或经过验证或比对试验的标准方法开展自行监测。通过梳理，与自行监测相关的废水、废气、噪声、固体废物和周边环境质量的技术规范和标准方法见表 7-1～表 7-7。

7.2.1　废水监测

根据污染源监测具体的工作内容，污染源监测技术包括手工监测技术和自动监测技术。手工监测技术又分为实验室监测技术和现场快速监测技术。

目前，废水现场快速监测技术主要应用于突发环境事件应急监测中，主要应用快速检测仪器设备、试剂盒（纸）来开展相应污染物的定性定量分析。对于废水的现场监测工作，除 pH、水温等常规理化指标现场检测外，其他项目采用现场快速检测技术还较少。废水手工监测主要以手工采样结合实验室监测技术为主。

7.2.1.1　废水手工监测技术

（1）废水手工监测技术规范

目前我国现行的与废水监测相关的技术规范主要有 7 个，基本已涵盖污染源监测全过程的各个环节。具体废水手工监测技术规范见表 7-1。

表 7-1　废水手工监测技术规范

序号	技术规范名称及编号	状态
1	地表水和污水监测技术规范（HJ/T 91—2002）	现行，修订中
2	水污染物排放总量监测技术规范（HJ/T 92—2002）	现行
3	水质采样 样品的保存和管理技术规定（HJ 493—2009）	现行
4	水质 采样技术指导（HJ 494—2009）	现行
5	水质 采样方案设计技术指导（HJ 495—2009）	现行
6	固定污染源监测质量保证与质量控制技术规范（试行）（HJ/T 373—2007）	现行
7	环境监测质量管理技术导则（HJ 630—2011）	现行

（2）废水污染物排放标准

目前我国现行的涉及废水污染物排放的标准共计 65 项，其中《制糖工业水污染物排放标准》（GB 21909—2008）和《船舶污染物排放标准》（GB 3552—83）

2 项标准正在修订中。具体废水污染物排放标准见附录。

（3）废水手工监测方法标准

对我国现行的涉及废水排放的 65 个污染物排放标准进行梳理，共涉及 168 种废水污染物，其中 152 种污染物发布了对应的分析方法标准，其余 16 种污染物尚未发布相应的分析方法标准。具体废水手工监测方法标准见附录。

7.2.1.2　废水自动监测技术

目前我国水污染源自动监测相关的技术规范为 2007 年发布的自动监测设备安装、验收、运行与考核、数据有效性判别 4 个技术规范，正在修订中。此外，已有 18 种涉及自动采样、明渠流量计和具体监测指标的自动监测仪器的技术要求和检测方法的技术标准，其中汞和油类 2 种自动监测仪器的技术要求已立项，正在制定中。具体废水自动监测技术规范见表 7-2。

表 7-2　废水自动监测技术规范

序号	技术规范名称及编号	状态
1	水污染源在线监测系统安装技术规范（试行）（HJ/T 353—2007）	现行，修订中
2	水污染源在线监测系统验收技术规范（试行）（HJ/T 354—2007）	现行，修订中
3	水污染源在线监测系统运行与考核技术规范（试行）（HJ/T 355—2007）	现行，修订中
4	水污染源在线监测系统数据有效性判别技术规范（试行）（HJ/T 356—2007）	现行，修订中
5	水质自动采样器技术要求及检测方法（HJ/T 372—2007）	现行
6	污染源在线自动监控(监测)数据采集传输仪技术要求（HJ/T 477—2009）	现行
7	总氮水质自动分析仪技术要求（HJ/T 102—2003）	现行
8	总有机碳（TOC）水质自动分析仪技术要求（HJ/T 104—2003）	现行
9	总磷水质自动分析仪技术要求（HJ/T 103—2003）	现行
10	pH 水质自动分析仪技术要求（HJ/T 96—2003）	现行
11	紫外（UV）吸收水质自动在线监测仪技术要求（HJ/T 191—2005）	现行
12	砷水质自动在线监测仪技术要求及检测方法（HJ 764—2015）	现行
13	铅水质自动在线监测仪技术要求及检测方法（HJ 762—2015）	现行
14	镉水质自动在线监测仪技术要求及检测方法（HJ 763—2015）	现行
15	总铬水质自动在线监测仪技术要求及检测方法（HJ 798—2016）	现行

序号	技术规范名称及编号	状态
16	氨氮水质自动分析仪技术要求（HJ/T 101—2003）	现行
17	六价铬水质自动在线监测仪技术要求（HJ 609—2011）	现行
18	污染源在线自动监控（监测）系统数据传输标准（HJ/T 212—2005）	现行
19	环境保护产品技术要求　化学需氧量（COD$_{Cr}$）水质在线自动监测仪（HJ/T 377—2007）	现行
20	环境保护产品技术要求　超声波明渠污水流量计（HJ/T 15—2007）	现行
21	COD 光度法快速测定仪技术要求及检测方法（HJ 924—2017）	现行
22	汞水质在线连续监测仪技术要求和检测方法	已立项
23	油类水质在线连续监测仪技术要求和检测方法	已立项

7.2.2　废气监测

废气监测分为有组织监测和无组织监测两大类。废气有组织监测技术包括手工监测技术和自动监测技术。手工监测技术又分为现场测试技术和手工采样结合实验室分析监测技术；废气无组织监测技术主要为手工采样结合实验室分析监测技术。

7.2.2.1　废气手工监测技术

（1）废气手工监测技术规范

目前我国现行的与废气监测相关的技术规范主要有 11 个，其中 1 个为大气污染物无组织监测技术规范，是无组织监测的主要监测依据。其余 10 个中，《固定污染源排气中颗粒物测定与气态污染物采样方法》（GB/T 16157—1996）和《固定源废气监测技术规范》（HJ/T 397—2007）是我国废气污染源监测中最基本的技术规定。

监测时应优先选用分析方法标准中规定的采样方法，分析方法中未做规定的按照监测技术规范执行。例如，《固定污染源废气　挥发性有机物的测定　固相吸附-热脱附/气相色谱-质谱法》（HJ 734—2014）中对 VOCs 的固相吸附采样方法、《固定污染源废气　汞的测定　冷原子吸收分光光度法（暂行）》对汞的吸附瓶采样方法均进行了详细的规定。此外，对于挥发性有机物，我国还专门制定了《固定污染源废气　挥发性有机物的采样　气袋法》（HJ 732—2014）。具体废气手工监测技术规范见表7-3。

表 7-3　废气手工监测技术规范

序号	技术规范名称及编号	状态
1	固定污染源排气中颗粒物测定与气态污染物采样方法（GB/T 16157—1996）	现行
2	固定源废气监测技术规范（HJ/T 397—2007）	现行
3	固定污染源监测质量保证与质量控制技术规范（试行）（HJ/ T 373—2007）	现行
4	燃煤锅炉烟尘和二氧化硫排放总量核定技术方法—物料衡算法（试行）（HJ/T 69—2001）	现行
5	大气污染物无组织排放监测技术导则（HJ/T 55—2000）	现行
6	锅炉烟尘测试方法（GB 5468—91）	现行
7	固定污染源废气　挥发性有机物的采样　气袋法（HJ 732—2014）	现行
8	固定污染源废气　低浓度颗粒物的测定重量法（HJ 836—2017）	现行
9	恶臭污染环境监测技术规范（HJ 905—2017）	现行
10	环境二噁英类监测技术规范（HJ 916—2017）	现行
11	固定源颗粒物稀释通道采样技术导则	已立项

（2）废气污染物排放标准

目前我国现行的涉及废气污染物排放的标准共计42项。具体污染物排放标准见附录。

（3）废气手工监测方法标准

现场测试指采用便携式仪器在污染源现场直接采集气态样品，通过简单的预处理后进行即时分析，得到污染物的浓度信息。目前，采用现场测试的指标主要包括二氧化硫、氮氧化物、一氧化碳、泄漏和敞开液面排放的挥发性有机物、烟气参数（温度、含氧量、含湿量、流速）等，监测方法包括定电位电解法、非分散红外法等。

现场采样结合实验室分析是指用特定仪器采集一定量的污染源废气并妥善保存带回实验室进行分析，目前我国多数污染物指标仍采用这种监测模式，主要的采样方式包括直接采样法（气袋、针筒等）和富集采样法（活性炭吸附、滤筒捕集、吸收液吸收等），主要的分析方法包括重量法、色谱法、质谱法、分光光度法等。

对我国现行的涉及废气排放的 42 个污染物排放标准进行梳理，共涉及 128 种废气污染物（包括有组织和无组织），其中，90 种污染物发布了对应的分析方法标准，其余 38 种污染物尚未发布相应的方法标准。具体废气手工监测方法标准见附录。

7.2.2.2　废气自动监测技术

目前，我国污染源废气自动监测指标主要包括二氧化硫、氮氧化物、颗粒物及相关烟气参数。其中，二氧化硫和氮氧化物通常采用光学法在烟道或烟囱内直接测量，或通过直接抽取/稀释抽取后采用光学法（红外、紫外、傅里叶红外等）进行分析；颗粒物通常采用光散射法、β射线法、震荡天平法进行分析。

废气自动监测相关标准主要有以下三个，分别对 CEMS 系统的安装、调试、验收、运行维护、技术要求和检测方法以及数据采集与传输进行了规定。另外，汞和挥发性有机物的自动监测技术规范已立项制定中。具体废气自动监测技术规范见表 7-4。

表 7-4　废气自动监测技术规范

序号	技术规范名称及编号	状态
1	固定污染源烟气（SO_2、NO_x、颗粒物）排放连续监测技术规范（HJ 75—2017）	现行
2	固定污染源烟气（SO_2、NO_x、颗粒物）连续监测系统技术要求及检测方法（HJ 76—2017）	现行
3	污染源在线自动监控（监测）系统数据传输标准（HJ/T 212—2005）	现行
4	固定污染源烟气汞排放连续监测系统技术要求	已立项
5	固定污染源废气 VOCs 连续监测系统技术要求及检测方法	已立项

7.2.3 噪声与振动监测

《中华人民共和国环境噪声污染防治法》第二十三条规定，在城市范围内向周围生活环境排放工业噪声的，应当符合国家规定的工业企业厂界环境噪声排放标准。《国家重点监控企业自行监测及信息公开办法（试行）》第五条提出对厂界噪声进行监测。

噪声监测主要采用手工监测方式，具体环境噪声监测技术规范见表 7-5。

表 7-5　环境噪声与振动监测技术规范

序号	标准名称及编号	状态
1	声环境功能区划分技术规范（GB/T 15190—2014）	现行
2	环境噪声监测技术规范　结构传播固定设备室内噪声（HJ 707—2014）	现行
3	环境噪声监测技术规范　噪声测量值修正（HJ 706—2014）	现行
4	环境噪声与振动控制工程技术导则（HJ 2034—2013）	现行
5	环境噪声监测点位编码规则（HJ 661—2013）	现行
6	环境噪声监测技术规范　城市声环境常规监测（HJ 640—2012）	现行
7	声环境质量标准（GB 3096—2008）	现行
8	工业企业厂界环境噪声排放标准（GB 12348—2008 代替 GB 12348—90，GB 12349—90）	现行
9	社会生活环境噪声排放标准（GB 22337—2008）	现行
10	环境振动监测技术规范（HJ 918—2017）	现行

7.2.4 固体废物管理

我国固废监测鉴别技术包括 3 个监测规范、43 个监测方法标准和 7 个鉴别标准。其中，危险废物是指被国家危险废物的名录收入或依据国家规定的危险废物的判别标准和判定方法认定的具有易燃性、毒性、腐蚀性、感染性和反应性等一种或一种以上的危险特征，以及除上述危险性以外的其他危险性的固体废物。危险废物管理按照国家《危险废物规范化管理指标体系》和《国家危险废物名录》中列出的 50 大类危险废物进行管理。

（1）固体废物监测鉴别技术规范

目前我国现行的 3 个固体废物监测技术规范分别为：《工业固体废物采样制样技术规范》（HJ/T 20—1998）、《危险废物鉴别技术规范》（HJ 298—2007）和《危险废物收集 贮存 运输技术规范》（HJ 2025—2012）。

（2）固体废物监测鉴别方法标准

目前我国现行的固体废物监测方法标准共计 43 个，其中新立项 17 个。具体固体废物监测方法标准见附录。

另外，我国建立了 7 个危险废物鉴别的国家标准（急性毒性鉴别、浸出性鉴别、腐蚀性鉴别、易燃性鉴别、毒性物质含量鉴别、反应性鉴别及通则），为监测危险废物提供了定量的参考。具体鉴别标准见表 7-6。

表 7-6　危险废物毒性鉴别国家标准

序号	方法标准名称及编号	状态
1	危险废物鉴别标准　通则（GB 5085.7—2007）	现行
2	危险废物鉴别标准　腐蚀性鉴别（GB 5085.1—2007）	现行
3	危险废物鉴别标准　急性毒性初筛（GB 5085.2—2007）	现行
4	危险废物鉴别标准　浸出毒性鉴别（GB 5085.3—2007）	现行
5	危险废物鉴别标准　易燃性鉴别（GB 5085.4—2007）	现行
6	危险废物鉴别标准　反应性鉴别（GB 5085.5—2007）	现行
7	危险废物鉴别标准　毒性物质含量鉴别（GB 5085.6—2007）	现行

7.2.5　周边环境质量影响监测

周边环境质量影响监测涉及的内容及可参照的技术体系文件有：

1）监测指标：自行监测技术指南。

2）监测点位设置：环境影响评价技术导则。

3）监测频次：自行监测技术指南。

4）监测开展和质量控制：环境质量监测相关标准和技术规范。

5）数据处理及结果评价：能够客观反映排污单位影响和风险预警的结果评价办法。

关于周边环境影响监测点位设置，对于环境影响评价文件及其批复中有明确要求的，按照环境影响评价文件及其批复中的要求执行，对于环境影响评价文件及其批复中未明确的，可参照环境影响评价技术导则中关于现状监测点位布置原则设置周边环境影响监测点位。

对于周边环境质量影响监测，主要按照相关环境影响评价技术导则和环境质量标准开展监测和评价。与周边环境质量影响监测相关的技术规范见表7-7。

表 7-7　周边环境质量影响监测相关的技术规范

序号	技术规范名称及编号	状态
1	环境空气质量标准（GB 3095—2012）	现行
2	环境影响评价技术导则　总纲（HJ 2.1—2011）	现行
3	环境影响评价技术导则　地面水环境（HJ/T 2.3—93）	现行
4	环境影响评价技术导则　大气环境（HJ 2.2—2008）	现行
5	环境影响评价技术导则　地下水环境（HJ 610—2016）	现行
6	环境影响评价技术导则　声环境（HJ 2.4—2009）	现行
7	恶臭污染物排放标准（GB 14554—93）	现行
8	工业固体废物采样制样技术规范（HJ/T 20—1998）	现行
9	地表水和污水监测技术规范（HJ/T 91—2002）	现行（修订中）
10	地下水环境监测技术规范（HJ/T 164—2004）	现行
11	土壤环境监测技术规范（HJ/T 166—2004）	现行
12	环境空气质量手工监测技术规范（HJ/T 194—2017）	现行

第 8 章　监测质量保证与质量控制体系

8.1　基本概念

监测质量保证和质量控制是比较抽象的两个概念。环境监测质量管理技术导则（HJ 630—2011）这样定义它们：质量保证是为了提供足够的信任表明实体能够满足质量要求，而在质量体系中实施并根据需要证实的全部有计划和有系统的活动；而质量控制是指为达到质量要求所采取的作业技术或活动。

从定义可以知道，采取质量保证的目的是为了获取他人对质量的信任，也可以说质量保证是为使他人确信某实体提供的数据、产品或者服务等能满足质量要求，而实施的并根据需要进行证实的全部有计划、有系统的活动。质量控制则是通过监视质量形成过程，消除生产数据、产品或者提供服务的所有阶段中可能引起不合格或不满意效果的因素，使其达到质量要求而采用的各种质量作业技术和活动。

环境监测的质量保证与质量控制，是依靠系统的文件规定，实施的内部的技术和管理手段，既是生产出符合国家质量要求的检测数据的技术管理制度和活动，也是一种"证据"，即向任务委托方、环境管理机构和公众等表明该检测数据是在严格的质量管理中完成的，具有足够的管理和技术上的保证手段，数据是准确可信的。

8.2 质量体系

证明数据质量可靠性的技术管理制度与活动可以千差万别，但是也有其共同点，即为了实现质量保证和质量控制的目的，往往需要建立并保证有效运行一套覆盖环境监测活动所涉及的全部场所、全部环节的体系，以使检测机构的质量管理工作程序化、文件化、制度化和规范化，这个体系就是质量体系。

如何建立一个可以良好运行的质量体系呢？如果是专业的向政府、企事业单位或者个人提供排污情况检测数据的社会化监测机构，按照国家的《检验检测机构资质认定管理办法》（质检总局令　第 163 号）、《检验检测机构资质认定评审准则》和《检验检测机构资质认定评审准则及释义》的要求建立并运行质量体系是必要的。如果检测实验室仅为企业母体提供排污情况的数据，质量管理活动的目的则是为母体管理层、环境管理机构和公众提供证据，证明数据准确可信，质量手册不是必需的，但是有利于检测实验室数据质量得到保证的一些程序性规定和记录是必需的，例如，实验室具体分析工作的实施流程、数据质量相关的管理流程等的详细规定，具体方法或设备使用的指导性详细说明，数据生产过程和监督数据生产需使用的各种记录表格等。

需要特别说明的是，建立质量体系不等于需要通过资质认定，也就是俗话说的获得 CMA 印章。质量体系的繁简程度与检测实验室的规模、业务范围、服务对象等密切相关，有时还需要根据业务委托方的要求修改完善质量体系，例如，承接国家环境监测质量网的检测任务就需要满足其对质量保证和管理的要求，完善制度，依照其要求使用通用的记录表格。

一般而言，质量体系包括质量手册、程序文件、作业指导书和记录。无论其表现形式如何，通常认为，有效的质量控制体系应满足以下基本要求：对检测工作的全面规范，且保证全过程留痕。下面简单介绍质量手册、程序文件、作业指导书和记录的一些基本内容。

8.2.1　质量手册

质量手册是检测实验室质量体系运行的纲领性文件，阐明检测实验室的质量目标，描述检测实验室全部检测质量活动的要素，规定检测质量活动相关人员的责任、权限和相互之间的关系，明确质量手册的使用、修改和控制的规定等。质量手册至少应包括批准页、自我声明、授权书、检测实验室概述、检测质量目标、组织机构、检测人员、设施和环境、仪器设备和标准物质，以及检测实验室为保证数据质量所做的一系列规定等。下面分别予以简要介绍：

1）批准页：批准页的主要内容是介绍编制质量体系的目的，以及质量手册的内容，并有最高管理者批准实施的亲笔签字。

2）自我声明：检测实验室关于独立承担法律责任、遵守《中华人民共和国计量法》和监测技术标准规范等相关法律法规、客观出具数据等的承诺。例如，声明内容可以如下描述：×××公司具有独立法人资格，独立承担法律责任；检测实验室是×××公司的××部门，独立从事检测活动，严格遵守《中华人民共和国计量法》、有关环境保护法律法规、标准和环境监测技术规范等要求，保证检测工作不受任何领导、部门、个人意见和任何外来因素的干预，保证检测结果客观、准确、具有代表性。

3）授权书：检测实验室有多种情形需要授权，包括但不限于：①在最高管理者外出期间，授权给其他人员替其行使职权。②最高管理者授权人员担任质量负责人、技术负责人等关键岗位。③授权给某些人员使用检测实验室的大型贵重仪器等。

4）检测实验室概述：简单介绍检测实验室的地理位置、人员构成、设备配置概况、隶属关系等信息。

5）检测实验室的检测质量目标：检测质量目标即定量描述检测工作所达到的质量，例如，企业自行监测方案的执行率 100%，检测报告合格率 99% 等。

6）检测实验室的组织结构：即明确检测实验室与检测工作相关的外部管理机

构的关系，与本企业中其他部门的关系，完成检测任务相关部门之间的工作关系等。这些关系通常以组织结构框图的方式表明。与检测任务相关的各部门的职责应予以明确和细化。例如，对于检测质量管理部，可以规定其具有下列职责：①牵头制订检测质量管理年度计划、监督实施，并编制质量管理年度总结。②负责组织质量管理体系建设、运行管理，包括质量体系文件编制、宣贯、修订、内部审核、管理评审、质量督查、检测报告抽查、实验室和现场监督检查、质量保证和质量控制等工作。③负责组织人员开展内部持证上岗考核相关工作。④负责组织参加外部机构组织的能力验证、能力考核、比对抽测等各项考核工作。⑤负责组织仪器设备检定/校准工作，包括编制检定/校准计划、组织实施和确认。⑥负责标准物质管理工作，包括建立标准物质清册、管理标准物质样品库、标准样品的验收、入库、建档及期间核查。当然，根据质量控制组人员配备情况，这些职责可以增减。

7）检测人员：包括检测岗位划分和检测人员管理两部分内容。检测岗位划分指检测实验室将检测相关工作分为若干具体的检测工序，并明确各检测工序的职责。例如，对于某检测实验室，应至少有以下岗位：质量负责人、技术负责人、报告签发人、采样岗位、分析岗位、质量监督人、档案管理人等，可以由同一个人兼任不同的岗位，如质量负责人同时是质量监督人和报告签发人，也可以专职从事某一个岗位，具体视单位人员配备情况和工作量而定。需要注意的是，报告编制、审核和签发应由三个不同的人员承担，不能由一个人兼任其中的两个职责。以报告签发人（授权签字人）为例，说明如何描述职责：①审核、批准和更改检测报告。②审核检测原始记录和仪器设备状态等各类技术证明性材料，审核检测报告的完整性以及检测依据和结论的正确性。关于检测岗位划分和职责描述，最易犯的错误是单纯地照搬照抄其他机构的质量管理文件，严重脱离机构人力资源配置情况，没有可操作性。检测人员管理部分则规定从事采样、分析等检测相关工作的人员应接受的教育、培训，应掌握的技能，应履行的职责等，以胜任工作。以分析岗位为例，说明人员管理如何描述：①分析人员必须经过培训，熟练掌握与本人承担分析项目有关的标准监测方法或技术规范及有关法规，且具备对检验检测结果做出评价的判断能力，经内部考核合格后持证上岗。②熟练掌握所用分析仪器设备的基本原理、技术性能，以及仪器校准、调试、维护和常见故障的排除技术。③熟悉并遵守质量手册的规定，严格按监测标准、规范或作业指导书开展监测分析工作，熟悉记录的控制与管理程序，按时完成任务，保证监测数据准确可靠。④认真做好样品分析前的各项准备工作，分析样品的交接工作以及样品分析工作，确保按业务通知单或监测方案要求完成样品分析。⑤分析人员必须确保分析选用的分析方法现行有效，分析依据正确。⑥负责所使用仪器设备日常维护、使用和期间核查，编制/修订其操作规程、维护规程、期间核查规程和自校规程，并在计量检定/校准有效期内使用。负责做好使用、维护和期间核查记录。⑦确保分析质控措施和质控结果符合有关监测标准或技术规范及相关规定要求。⑧当分析仪器设备、分析环境条件或被测样品不符合监测技术标准或技术规范要求时，监测分析人员有权暂停工作，并及时向上级报告。⑨认真做好分析原始记录并签字，要求字迹清楚、内容完整、编号无误。⑩分析人员对分析数据的准确性和真实性负责。⑪校对上级安排的其他检测人员的分析原始记录。检测实验室建立人员配备情况一览表，往往有助于提高人员管理效率，见表 8-1。

表 8-1　检测人员一览表（样表）

序号	姓名	性别	出生年月	文化程度	职务/职称	所学专业	从事本技术领域年限	所在岗位	持证项目情况	备注
1	张三	男	1988 年8 月	本科	工程师	分析化学	5	分析岗	水和废水：化学需氧量、氨氮	质量负责人
...										

8）检测实验室的设施和环境条件：指检测实验室配备必要的硬件设施，并建立制度保证监测工作环境适应监测工作需求。检测实验室的设施通常包括空调、除湿机、干湿度温度计、通风橱、纯水机、冷藏柜、超声波清洗仪、电子恒温恒

湿箱、灭火器等检测辅助设备。需要明确的规定至少有：①防止交叉污染的规定，例如，规定监测区域应有明显标识，严格控制进入和使用影响检测质量的实验区域；对相互有影响的活动区域进行有效隔离，防止交叉污染。比较典型的交叉污染例子是检测项目挥发酚的分析，对在同一化验室分析的检测项目氨氮有交叉污染的影响。在分析总砷、总铅、总汞、总镉等项目时，如果不同的样品间浓度差异巨大，规定高、低浓度的采样瓶和分析器皿分别用专用酸槽浸泡洗涤，以免交叉污染。必要时，用优级纯酸稀释后浸泡超低浓度样品所用器皿等。②对可能影响检测结果质量的环境条件，规定检测人员进行监控和记录，保证其符合相关技术要求。例如，万分之一以上精度的电子天平正常工作，对环境温度、湿度有控制要求，所以检测实验室应有监控设施，并有记录表格记录环境条件。③规定有效控制危害人员安全和人体健康的潜在因素，如配备通风橱、消防器材等必要的防护和处置措施。④对化学品、废弃物、火、电、气和高空作业等安全相关因素做出规定，等等。

　9）检测用仪器设备和标准物质：是保障监测数据量值溯源的关键载体。检测实验室应配备满足检测方法规定的原理、技术性能要求的设备，为此，应对仪器设备的购置、使用、标识、维护、停用、租借等管理做出明确规定，保证仪器设备得到合理配置、正确使用和妥善维护，提高监测数据的准确可靠性。例如，对于设备的配备，做出规定：①根据检测项目和工作量的需要及相关技术规范的要求，合理配备采样、样品制备、样品测试、数据处理和维持环境条件所要求的所有仪器设备种类和数量，并对仪器技术性能进行科学的分析评价和确认。②如果需要借用外单位的仪器设备必须严格按本单位仪器设备的管理进行有效控制。建立仪器设备配备情况一览表，往往有助于提高设备管理效率，参考的表格样式见表8-2。此外，应根据检测项目开展情况配备标准物质，并做好标准物质管理。配备的标准物质首先，应该是有证标准物质；其次，应保证标准物质在其证书规定的保存条件下贮存；最后，应建立标准物质台账，记录标准物质名称、购买时间、购买数量、领用人、领用时间和领用量等信息。

表 8-2　仪器设备配备情况一览表（样表）

序号	设备名称	设备型号	出厂编号	检定/校准方式	检定/校准周期	仪器摆放位置
1	电子天平	TE212L	####	检定	一年	205 室
...						

此外，为保证建立的质量管理体系覆盖检测的各个方面、环节、场所，且能持续有效地指导实施质量管理活动，还应对以下质量管理活动做出原则性的规定：①质量体系在哪些情形下，由谁提出、谁批准同意修改等。②如何正确使用和管理质量体系各类管理和技术文件，即如何编制、审批、发放、修改、收回、标识、存档或销毁等处理各种文件。③如何购买对监测质量有影响的服务（如委托有资质的机构检定仪器即为购买服务），以及如何购买、验收和存储设备、试剂、消耗材料。④检测工作中出现的与相关规定不符合的事项，应如何采取措施。⑤质量管理、实际样品检测等工作中相关记录的格式模板编制应如何编制，以及实际工作过程中如何填写、更改、收集、存档和处置记录。⑥如何定期组织单位内部熟悉检测质量管理相关规定的人员，对相关规定的执行情况进行内部审核。⑦管理层如何就内部审核或者日常检测工作中发现的相关问题，定期研究解决。⑧检测工作中，如何选用、证实/确认检测方法。⑨如何对现场检测、样品采集、运输、贮存、接收、流转、分析、监测报告编制与签发等检测工作全过程的各个环节都采取有效的质量控制措施，以保证监测工作质量。⑩如何编制监测报告格式模板，实际检测工作中如何编写、校核、审核、修改和签发检测报告等。

8.2.2　程序文件

仅有职责、人员分工等条块式的各种规定，还不足以把企业内检测相关的各部门、各环节、各实施人员的质量管理活动严密组织起来，将检测数据生产的整个过程中影响数据质量的一切因素控制起来，形成一个有明确任务、职责、权限，相互协调、相互促进的有机整体，能够将这些条块规定有序串联的一系列文件，就是程序文件。程序文件是规定质量活动方法和要求的文件，是质量手册的支持性文件，主要目的是对产生检测数据的各个环节，各个影响因素和各项工作全面规范，包括人员、设备、试剂、耗材、标准物质、检测方法、设施和环境、记录和数据录入发布等各关键因素，明确详细地规定某一项检测相关的工作，执行人员是谁、经过什么环节、留下哪些记录，以实现在高时效地完成工作的同时保证数据质量。

编写程序文件时，应明确每一个程序的控制目的、适用范围、职责分配、活动过程规定和相关质量技术要求，从而使程序文件具有可操作性。如制定检测工作程序，对检测任务的下达、检测方案的制定、采样器皿和试剂的准备、样品采集和现场检测、实验室内样品分析，以及测试原始记录的填写等诸多环节，规定分别由谁来实施，以及实施过程中应该填写哪些记录，以保证工作有序开展。

档案管理也是一项涉及较多环节的工作，涉及档案产生后的暂存、收集、交接、保管和借阅查询使用等一系列环节，在各个细节又需要保证档案的完整性，制定一个档案管理程序就显得比较重要了。这个程序可以规定档案产生人员如何暂存档案、暂存的时限是多长、档案收集由谁来负责、交给档案收集人员时应履行的手续、档案集中后由谁来负责建立编号、如何保存、借阅查阅时应履行的手续等。

又如检测方案的制定，需要的文件有：环评报告中的监测章节内容、环保部门做出的环评批复、执行的排放标准、许可证管理的相关要求、行业涉及的自行监测指南等。在明确管理要求后所制定的检测方案，宜请熟悉环境管理、环境监测、生产工艺和治理工艺的专业人员对方案进行审核把关，既有利于保证检测内容和频次等满足管理要求，又避免不必要的人力物力浪费。一般来说，检测实验室需制定的上述程序性的规定应包括：人员培训程序、检测工作程序、设备管理程序、标准物质管理程序、档案管理程序、质量管理程序、服务和供应品的采购和管理程序、内务和安全管理程序、记录控制与管理程序等。

8.2.3　作业指导书

作业指导书是指特定岗位工作或活动应达到的要求和遵循的方法。对于下列情形往往需要检测机构制定作业指导书：

①标准检测方法中规定可采取等效措施，而检测机构又的确采取了等效措施。

②使用非汉语撰写的检测方法。

③操作步骤复杂的设备。作业指导书应写得尽可能具体，且语言简洁不令人产生歧义，以保证各项操作的可重复。

8.2.4　记录

记录包括质量记录和技术记录，质量记录是质量体系活动产生的记录，如内审记录、质量监督记录等；技术记录是各项监测工作所产生的记录，如《pH 值分析原始记录表》《废水流量监测记录（流速仪法）》。记录是保证从检测方案的制定开始，到样品采集、样品运输和保存、样品分析、数据计算、报告编制、数据发布的各个环节留下关键信息的凭证，证明数据生产过程满足技术标准和规范的要求的基础。检测实验室的记录既要简洁易懂，也要具有足够的信息量以重复检测工作。这就要求认真学习国家的法律法规等管理规定和技术标准规范，弄清楚哪些信息是必须记录备查的关键信息，在设计记录表格样式的时候予以考虑。如对于样品采集，除了采样时间，地点、人员等基础信息，还应包括检测项目、样品表观（定性描述颜色、悬浮物含量）、样品气味、保存剂的添加情况等信息。对于具体的某一项污染物的分析，需要记录分析方法名称及代码、分析时间、分析仪器的名称型号、标准/校准曲线的信息、取样量、样品前处理情况、样品测试的信号值、计算公式、计算结果以及质控样品分析的结果等。常用的一些记录表格样式见附录 10。

8.3 自行监测质控要点

自行监测的质量控制，应抓住人员、设备、检测方法、试剂耗材等关键因素，还要重视设施环境等影响因素。通常来说，希望具体的每一项检测任务都有足够证据表明其数据质量可信，往往需要在制定该项检测任务实施方案的同时，制定一个质控方案，或者在实施方案中有质量控制的专门章节，明确该项工作应针对性地采取哪些措施来保证数据质量。自行检测工作中，包含自行检测点位，项目和频次，采样、制样和分析应执行哪些技术规范等信息的检测方案往往在许可证发放时经过了环保部门审查，日常检测工作中，需要落实的是谁负责现场检测和采样、谁负责分析样品、谁承担报告编制工作，以及应采取的质控措施。应采取的质控措施可以是一个专门的方案，这个质量控制方案规定承担采样、制样和分析样品的人员应该具有哪些技能（如经过适当的培训后持有上岗证），各环节的执行人员应该落实哪些措施来自证所开展工作的质量，质量控制人员怎样去查证各任务执行人员工作的有效性等。通常来说，为保证数据质量，人员、设备、检测方法、试剂耗材和环境设施等有些共性要求需要满足，下面予以简述。

人员技能水平是自行监测质量的决定性因素，因此检测机构制定的规章制度性文件中，要明确规定不同岗位人员应具有的技术能力，如应该具有的教育背景、工作经历，胜任该工作应接受的再教育培训，并以考核方式确认是否具有胜任岗位的技能。对于人员适岗的再教育培训，如行业相关的政策法规、标准方法、操作技能等，由检测机构内部组织或者参加外部培训均可。适岗技能考核确认的方式也是多样化的，如笔试或者提问、操作演示、实样测试、盲样考核等。不论采用哪一种培训、考核方式，都应有记录来证实培训或考核过程。如内部培训，应该至少有培训教材、培训签到表，外部培训有会议通知、培训考核结果证明材料等。需要提醒的是，对于口头提问和操作演示等考核方式，也应该有记录，例如，口头提问，记录信息至少包括考核者姓名、提问内容、被考核者姓名、回答要点以及对于考核结果的评价；操作演示的考核记录至少包括考核者姓名、要求考核演示的内容、被考核者姓名、演示情况的概述以及评价结论。在具体的执行过程中，切忌人员技能培训走过场，证明人员技能的各种培训考核记录即使多如牛毛也掩盖不了事实的真相，因为测试原始记录往往会暴露出人员技能的真实水平，如某厂自行检测厂界噪声的原始记录中，背景值仅为 30 dB，暴露出检测人员对仪器性能和环境噪声没有基本的量的认知。林格曼黑度测试 30 min 只有一个示值读数，这些信息都反映出检测人员基础知识的欠缺，一名合格检测人员填写的原始记录是不会有这些错误的。

检测设备是决定数据质量的另一关键因素，2015 年 1 月 1 日起开始施行的《中华人民共和国环境保护法》第二章十七条明确规定：监测机构应当使用符合国家标准的监测设备，遵守监测规范。所谓符合国家标准，首先，应根据排放标准规定的监测方法选用监测设备，也就是仪器的测定原理、检测范围、测定精密度、准确度以及稳定性等满足方法的要求；其次，设备应根据国家计量的相关要求和仪器性能情况确定检定/校准，列入《中华人民共和国强制检定的工作计量器具目录》或有检定规程的仪器应送有资质的单位进行检定，如烟尘监测仪、天平、砝码、烟气采样器、大气采样器、pH 计、分光光度计、声级计、压力表等。属于非强制检定的仪器与设备可以送有资质的计量检定机构进行校准，无法送去检定或者校准的仪器设备，应由仪器使用单位自行溯源，即自己制定校准规范，对部分计量性能或参数进行检测，以确认仪器性能准确可靠。

对于投入使用的仪器，要确保其得到规范使用，应明确规定如何使用、维护、维修和性能确认仪器设备。例如，编写仪器设备操作规程（即仪器操作说明书）和维护规程（即仪器维护说明书），以保证使用人员能够正确使用或者维护仪器。与采样和监测结果的准确性和有效性相关的仪器设备，在投入使用前，必须进行量值溯源，即用前述的检定/校准或者自校手段确认仪器性能。对于送到有资质的检定或者校准单位的仪器，收到设备的检定或者校准证书后，应查看检定/校准单位实施的检定/校准内容是否符合实际的检测工作要求，例如，配备有多个传感器的仪器，检测工作需要使用的传感器是否都得到了检定？对于有多个量程的仪器，其检定或者校准范围是否满足日常工作需求？对于仪器的检定/校准或者自校，并不是一劳永逸的，应根据国家的检定/校准规程或者使用说明书要求，周期性的定期实施检定/校准或者自校，保持仪器在检定/校准或者自校有效期内使用。且每次监测前，都要使用标准溶液、标准气体分析等方式确认仪器量值，在证实其量值持续符合相应技术要求后使用。如定电位电解法规定烟气中二氧化硫、氮氧化物，每次测量前必须用标气进行校准，示值误差±5%方可使用。此外，应规定仪器设备的唯一性标识、状态标识，避免误用。仪器设备的唯一性标识既可以是仪器的出厂编码，也可以是检测单位自行制定的规则编写的代码。

仪器的相关记录应妥善保存。建议给检测仪器建立一仪一档。档案的目录包括：仪器说明书、仪器验收技术报告、仪器的检定/校准证书或者自校原始记录和报告、仪器的使用日志、维护记录、维修记录等，建议这些档案一年归档一次，以免遗失。应特别注意及时如实填写仪器使用日志，切忌事后补记，否则不实的仪器使用记录会影响数据的真实性。比较常见的明显与事实不符的记录有：同一台现场检测仪器在同一时间，出现在相距几百千米的两个不同检测任务中；仪器使用日志中记录的分析样品量远大于该仪器最大日分析能力等，这种记录会让检查人员严重质疑数据的真实性。且应该有制度规范在必须修改原始记录时如何修改，避免原始记录被误改。

规范使用检测方法，优先使用被检测对象适用的污染物排放标准中规定的检测方法。若有新发布的标准方法替代排放标准中指定的检测方法，应采用新标准。若新发布的检测方法与排放标准指定的方法不同，但适用范围相同的，也可使用。例如，《固定污染源废气　氮氧化物的测定　非分散红外法 》（HJ 692—2014）、《固定污染源废气　氮氧化物的测定　定电位电解法》（HJ 693—2014）的适用范围明确为"固定污染源废气"，因此两项方法均适用于火电厂废气中氮氧化物的检测。

正确使用检测方法。污染源排放情况检测所使用的方法包括标准方法和国务院行业部门以文件、技术规范等形式发布的方法，个别特殊情况下也有企业自行制定的方法。为此，检测机构或者实验室往往需要根据方法的来源确定应实施方法证实还是方法确认，其中方法证实适用于标准方法和国务院行业部门以文件、技术规范等形式发布的方法，方法确认适用于企业自行制定的方法。为实现正确使用检测方法，仅仅是检测机构实施了方法证实是不够的，还需要检测机构要求使用该检测方法的每一个人员，使用该方法获得的检出限、空白、回收率、精密度、准确度等各项指标均满足方法性能的要求，方可认为检测人员掌握了该方法，才算为正确使用检测方法奠定了基础。当然，并非每一次检测工作中均需要对方法进行证实。那么在哪些情况下需对方法进行证实呢？一般认为，初次使用标准方法前，应证实能够正确运用标准方法；标准方法发生了变化，应重新予以证实。

如何开展方法证实呢？通常而言，方法证实至少应包括以下 6 个方面的内容：①人员，人员的技能是否得到更新，是否能够适应方法的工作要求？人员数量是否满足工作要求？②设备，设备性能是否满足方法要求？是否需要添置前处理设备等辅助设备？设备数量是否满足要求？③试剂耗材，方法对试剂种类、纯度等的要求如何？数量是否满足？是否建立了购买使用台账？④环境设施条件，方法及其所用设备是否对温度湿度有控制要求？这些环境条件是否得到监控？⑤方法技术指标，使用日常工作所用的标准和试剂做方法的技术指标，如校准曲线、检出限、空白、回收率、精密度、准确度等，是否均达到了方法要求？⑥技术记录，确认日常检测工作填写的原始记录格式信息，是否包含了足够的关键信息？

规范使用标准物质。首先，对于标准物质的使用有以下几项注意事项：①应优先考虑使用国家批准的有证标准样品，以保证量值的准确性、可比性与溯源性。②选用的标准样品与预期检测分析的样品，尽可能在基体、形态、浓度水平等性状方面接近。其中基体匹配是需要重点考虑的因素，因为只有使用与被测样品基体相匹配的标准样品，在解释实验结果时才很少或根本没有困难。例如，分析地表水中苯系物，选择甲醇基体的苯系物标准样品，就比二硫化碳基体的苯系物标准样品更合适。③应特别注意标准样品证书中所规定的取样量与取样方法。证书中规定的固体最小取样量、液体稀释办法等，是测量结果准确性和可信度的重要影响因素，宜严格遵守。④应妥善贮存标准样品，并建立标准样品使用情况记录台账。有些标准样品有特殊储存条件要求的，应根据标准样品证书规定的储存条件保存标准样品，并在标准样品的有效期内使用，否则可能会影响标准样品量值的准确性。

严格按照方法要求购买和使用试剂/耗材。每一个方法都规定了试剂的纯度，需要注意的是，市售的与方法要求的纯度一致的试剂，不一定就能满足方法的使用要求。对数据结果有影响的试剂，新购品牌或者产品批次不一致时，建议在正式用于样品分析前进行空白样品实验，以验证试剂质量是否满足工作需求。对于试剂纯度不满足方法需求的情形，应购买更高纯度的试剂或者由分析人员自行净化。比较典型的案例是分析水中苯系物的二硫化碳，市售分析纯二硫化碳往往需要实验室自行重蒸，或者购买优级纯的才能满足方法对空白样品的要求；与此类似的还有分析重金属的盐酸硝酸等，采用分析纯的酸往往会导致较高的空白和背景值，建议筛选品质可靠的优级纯酸，分析人员在分析过程中一定要注意。

牢记试剂/耗材是有寿命的。对于试剂，尤其是已经配制好的试剂，应注意遵守检测方法中对试剂有效期的规定。若没有特殊规定，建议参考执行《化学试剂 标准滴定溶液的制备》（GB/T 601—2016）中关于标准滴定溶液有效期的规定，即常温（15~25℃）下保存时间不超过 2 个月。特别应注意表观不被磨损类耗材的质保期，如定电位电解法的传感器，pH 计的电极等，这些仪器的说明书中明确规定了传感器或者电极的使用次数或者最长使用寿命，应严格遵守，否则量值的准确性难以保证。

数据的计算和报出也可能会发生失误，应高度重视。以火电厂排放标准为例，排放标准根据热能转化设施类型的不同，规定了不同的基准氧含量，实测的火电厂烟尘、二氧化硫、氮氧化物和汞及其化合物排放浓度，需折算为基准氧含量下的排放浓度，如果忽略了此要求，将现场测试所得结果直接报出，必然导致较大偏差。对于废水检测，需留意在发生样品稀释后检测时，稀释倍数是否纳入了计算。已经完成的测定结果，还应注意计量单位是否正确，最好有熟悉该项目的工作人员校核，各项目结果汇总后，有专人进行数据审核后发出。录入电脑或者信息平台时，需注意检查是否有小数点输入的错误。

完备的质量控制体系运行离不开有效的质量监督。为此，检测机构或者实验室应设置覆盖其检测能力范围的监督员，这些监督员可以是专职的，也可以是兼职的。但是不论是哪种情形，监督员应该熟悉检测程序、方法，并能够评价检测结果，发现可能的异常情况。为了使质量监督达到预期效果，最好在年初就制订监督计划，明确监督人、被监督对象、被监督的内容、被监督的频次等。通常情况下，新进上岗人员，使用新分析方法或者新设备，以及生产治理工艺发生变化的初期等实施的污染排放情况检测应受到有效监督。监督的情况应以记录的形式予以妥善保存。此外，检测机构或者实验室应定期总结监督情况，编写监督报告，以保证质量体系中的各标准、规范和质量措施等切实得到落实。

第 9 章　信息记录与报告

9.1　信息记录的目的与意义

说清污染物排放状况，自证是否正常运行污染治理设施，是否依法排污是法律赋予排污单位的权利和义务。自证守法，首先要有可以作为证据的相关资料，信息记录就是要将所有可以作为证据的信息保留下来，在需要的时候有据可查。具体来说，信息记录的目的和意义体现在以下几个方面。

1）便于监测结果溯源。监测的环节很多，任何一个环节出现问题，都可能造成监测结果的错误。通过信息记录，将监测过程中重要环节的原始信息记录下来，一旦发现监测结果存在可疑之处，就可以通过查阅相关记录，检查哪个环节出现问题。对于不影响监测结果的问题，可以通过追溯监测过程进行校正，从而获得正确的结果。

2）便于规范监测过程。认真记录各个监测环节的信息，便于规范监测活动，避免由于个别时候的疏忽而遗忘个别程序，从而影响监测结果。通过对记录信息的分析，也可以发现影响监测过程中的一些关键因素，这也有利于对监测过程的改进。

3）可以实现信息间的相互校验。记录各种过程信息，可以更好地反映排污单位的生产、污染治理、排放状况，从而便于建立监测信息与生产、污染治理等相关信息的逻辑关系，从而为实现信息间的互相校验，加强数据间的质量控制提供基础。通过记录各类信息，可以形成排污单位生产、污染治理、排放等全链条的证据链，避免单方面的信息不足以说明排污状况。

4）丰富基础信息，利于科学研究。排污单位生产、污染治理、排放过程中一系列过程信息，对研究排污单位污染治理和排放特征具有重要的意义。监测信息记录，极大地丰富了污染源排放和治理的基础信息，这为开展科学研究提供了大量基础信息。基于这些基础信息，利用大数据分析方法，可以更好地探索污染排放和治理的规律，为科学制定相关技术要求奠定良好基础。

9.2　信息记录要求和内容

9.2.1　信息记录要求

信息记录是一项具体而琐碎的工作，做好信息记录对于排污单位和管理部门都很重要，一般来说，信息记录应该符合以下要求。

首先，信息记录的目的在于真实反映排污单位生产、污染治理、排放、监测的实际情况，因此信息记录不需要专门针对需要记录的内容进行额外整理，只要保证所要求的记录内容便于查阅即可。为了便于查阅，排污单位应尽可能根据一般逻辑习惯整理成为台账保存。保存方式可以为电子台账，也可以为纸质台账，以便于查阅为原则。

其次，信息记录的内容不限于标准规范中要求的内容，排污单位认为有利于说清楚本单位排污状况的其他相关信息，也可以予以记录。考虑到排污单位污染排放的复杂性，影响排放的因素有很多，而排污单位最了解哪些因素会影响排污状况，因此，排污单位应根据本单位的实际情况，梳理本单位应记录的具体信息，丰富台账资料的内容，从而更好地建立生产、治理、排放的逻辑关系。

9.2.2 信息记录内容

9.2.2.1 手工监测的记录

采用手工监测的指标，至少应记录以下几方面的内容。

1）采样相关记录，包括采样日期、采样时间、采样点位、混合取样的样品数量、采样器名称、采样人姓名等。

2）样品保存和交接相关记录，包括样品保存方式、样品传输交接记录。

3）样品分析记录相关记录，包括分析日期、样品处理方式、分析方法、质控措施、分析结果、分析人姓名等。

4）质控相关记录，包括质控结果报告单等。

9.2.2.2 自动监测运维记录

自动监测正确运行，需要定期进行校准、校验和日常运行维护，校准、校验结果和日常运行维护开展情况直接决定了自动监测设备是否能够稳定正常运行，而通过检查运维公司对自动监测设备的运行维护记录，可以对自动监测设备日常运行状态进行初步判断。因此，排污单位或者负责运行维护的公司要如实记录对自动监测设备的运行维护情况，具体包括自动监测系统运行状况、系统辅助设备运行状况、系统校准、校验工作等；仪器说明书及相关标准规范中规定的其他检查项目；维护保养、维修记录等。

9.2.2.3 生产和污染治理设施运行状况

首先，污染物排放状况与排污单位生产和污染治理设施运行状况密切相关，记录生产和污染治理设施运行状况，有利于更好地说清楚污染物排放状况。

其次，考虑到受监测能力的限制，无法做到全面连续监测，记录生产和污染治理设施运行状况可以辅助说明未监测时段的排放状况，同时也可以对监测数据是否具有代表性进行判断。

最后，由于监测结果可能受到仪器设备、监测方法等各种因素的影响，从而造成监测结果的不确定性，记录生产和污染治理设施运行状况，通过不同时段监测信息和其他信息的对比分析，可以对监测结果的准确性进行总体判断。

对于生产和污染治理设施运行状况，主要记录内容包括：监测期间企业及各主要生产设施（至少涵盖废气主要污染源相关生产设施）运行状况（包括停机、启动情况）、产品产量、主要原辅料使用量、取水量、主要燃料消耗量、燃料主要成分、污染治理设施主要运行状态参数、污染治理主要药剂消耗情况等。日常生产中上述信息也须整理成台账保存备查。

9.2.2.4　固体废物（危险废物）产生与处理状况

固废作为重要的环境管理要素，排污单位应对固体废物和危险废物的产生、处理情况进行记录，同时固体废物和危险废物信息也可以作为废水、废气污染物产生排放的辅助信息。关于固体废物和危险废物的记录内容包括各类固体废物和危险废物的产生量、综合利用量、处置量、贮存量、倾倒丢弃量，危险废物还应详细记录其具体去向。

9.3　信息报告内容

为了排污单位更好地掌握本单位实际排污状况，也便于更好地对公众说明本单位的排污状况和监测情况，排污单位应编写自行监测年度报告，年度报告至少应包含以下几方面内容：

1）监测方案的调整变化情况及变更原因；

2）企业及各主要生产设施（至少涵盖废气主要污染源相关生产设施）全年运行天数，各监测点、各监测指标全年监测次数、超标情况、浓度分布情况；

3）按要求开展的周边环境质量影响状况监测结果；

4）自行监测开展的其他情况说明；

5）排污单位实现达标排放所采取的主要措施。

自行监测年报不限于以上信息，任何有利于说明本单位自行监测情况和排放状况的信息，都可以写入自行监测年报中。另外，对于领取了排污许可证的排污单位，按照排污许可证管理要求，每年应提交年度执行报告，其中自行监测情况属于年度执行报告中的重要组成部分，排污单位可以将自行监测年报作为年度执行报告的一部分一并提交。

9.4 应急报告要求

由于排污单位非正常排放会对环境或者污水处理设施产生影响，因此对于监测结果出现超标的，排污单位应加密监测，并检查超标原因。短期内无法实现稳定达标排放的，应向环境保护主管部门提交事故分析报告，说明事故发生的原因、采取减轻或防止污染的措施，以及今后的预防及改进措施等；若因发生事故或者其他突发事件，排放的污水可能危及城镇排水与污水处理设施安全运行的，应当立即采取措施消除危害，并及时向城镇排水主管部门和环境保护主管部门等有关部门报告。

9.5 信息公开要求

信息公开应重点考虑两类群体的信息需求。一是排污单位周围居民的信息需求，周边居民是污染排放的直接影响者，最关心污染物排放状况对自身及环境的影响，因此对污染物排放状况及周边环境质量状况有强烈的需求。二是排污单位同类行业或者其他相关者的信息需求，同一行业不同排污单位之间存在一定的竞争关系，当然都希望在污染治理上得到相对公平的待遇，因此会格外关心同行的排放状况，因此对同行业其他排污单位的排放状况信息有同行监督需求。

　　为了照顾这两类群体的信息需求，信息公开的方式应该便于这两大类群体获取的便利。排污单位可以通过在厂区外或当地媒体上发布监测信息，使周边居民及时了解排污单位的排放状况，这类信息公开相对灵活，以便于周边居民获取信息为主要目的。而为了实现同行监督和一些公益组织的监督，也为了便于政府监督，有组织的信息公开方式更为有效率。目前，各级环境保护部门都在建设不同类型的信息公开平台，排污单位也应该根据相关要求在信息平台上发布信息，以便于各类群体间的相关监督。

　　具体来说，排污单位自行监测信息公开内容及方式按照《企业事业单位环境信息公开办法》（环境保护部令　第 31 号）及《国家重点监控企业自行监测及信息公开办法（试行）》（环发〔2013〕81 号）执行。非重点排污单位的信息公开要求由地方环境保护主管部门确定。

第 10 章　污染源监测数据管理系统介绍

10.1　总体架构设计

根据"关于印发 2015 年中央本级环境监测能力建设项目建设方案的通知"（环办函〔2015〕1596 号），中国环境监测总站负责建设"全国重点污染源监测数据管理与信息共享系统"，面向社会公众、企业用户、委托机构用户、环保用户、系统管理用户 5 类用户，针对不同用户的不同业务需求，系统提供数据采集、二噁英监测数据中心、监测业务管理、数据查询处理与分析、决策支持、信息发布、信息发布移动终端版、自行监测知识库、排放标准管理、个人工作台、系统管理等功能。

另外，面向其他污染源监测信息采集节点（包括部级建设的在线监控系统、各省市级在线监控系统、各省级监测信息公开平台）、二噁英视频监控节点使用数据交换平台进行数据交换。

系统总体架构如图 10-1 所示。系统总体架构采用 SOA 面向服务的五层三体系的标准成熟电子政务框架设计，该架构以总线为基础，依托公共组件、通用业务组件和开发工具实现应用系统快速开发和系统集成，并通过门户为所有用户提供个性化服务，包括但不限于门户网站、单点登录、个性化定制服务等。系统由基础层、数据层、支撑层、应用层、门户层五层及贯穿项目始终保障项目顺利实施和稳定、安全运行的运行保障体系、安全保障体系及标准规范体系构成。

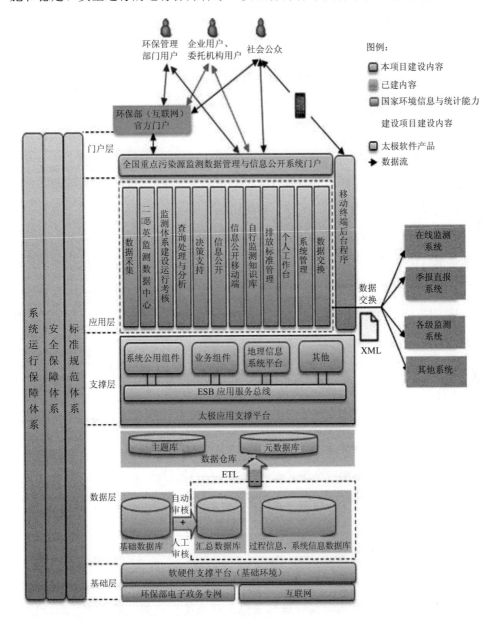

图 10-1　系统总体架构

1）基础层：本次建设将在利用中国环境监测总站现有的软硬件及网络环境基础上配置相应的系统运行所需软硬件设备及安全保障设备。

2）数据层：建设本次项目的基础数据库、元数据库，并在此基础上建设主题数据库、空间数据库提供数据挖掘和决策支持。本项目建设的数据库依据环保部相关标准及能力建设项目的数据中心相关标准进行建设。

3）支撑层：在太极应用支撑平台企业总线及相关公共组件的基础上，建设本系统的组件，为系统提供足够的灵活性和扩展性，为与季报直报系统、在线监控系统、各省市级在线监控系统及各省级监测信息公开平台进行应用集成提供灵活的框架，也为将来业务变化引起的系统变化提供快速调整的支撑。

4）应用层：开发本次系统的业务应用子系统，通过 ESB、数据交换实现与包括季报直报系统、在线监控系统、各省市级在线监控系统及各省级监测信息公开平台在内的其他系统对接。

5）门户层：面向环保部门用户、企业用户及公众用户提供互联网及移动互联网访问服务。

6）系统运行保障体系：结合对本项目需求的理解，进行详细的系统运行保障体系设计。

7）安全保障体系：结合本项目需采购的设备清单和对需求的理解，进行详细的信息安全等保障体系设计。

8）标准规范体系：制定全国重点污染源监测数据管理与信息公开数据交换标准规范。确保各应用系统按照统一的数据标准进行数据交换。

10.2　应用层设计

全国重点污染源监测数据管理与信息公开系统提供的业务应用包括：数据采集、二噁英监测数据中心、监测体系建设运行考核、数据查询处理与分析、决策支持、信息发布、信息发布移动终端版、自行监测知识库、排放标准管理、

个人工作台、系统管理及数据交换系统等 12 个子系统。系统功能架构如图 10-2
所示。

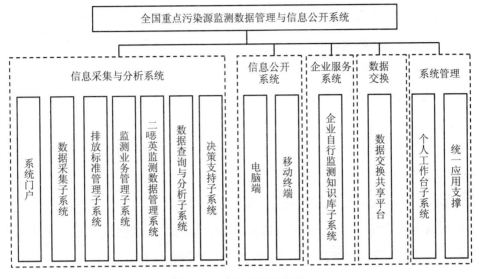

图 10-2　系统功能架构图

数据采集：包括对企业自行监测数据和管理部门进行的监督性监测数据的采
集；需要面向全国重点监控企业采集监测数据，对不同年份的企业建立不同的企
业基础信息库，提供信息填报、审核、查询、发布功能，并形成关联以持续监督。

同时满足各级环保部门录入监督性监测数据、质控抽测数据、监督检查信息
与结果、采集全国自动监控数据、自动监测数据有效性审核情况、监测站标准化
建设情况、环境执法与监管情况等。企业的基础信息录入完成后需由属地环保部
门进行确认。由于不同来源数据的采集频次和采集方式不同，系统提供不同的数
据接入方式。

二噁英监测数据中心：实现中国环境监测总站（以下简称总站）对东北、华
东、华中、华南、西北、西南地区的二噁英数据监控。总站可以统一对各分站下
达任务计划、通知等，并可实时获取各分站的监测数据。各分站接收到总站任务
后进行接收确认，待监测完成后将数据结果统一上报到总站，由总站进行汇总、

分析等。

监测体系建设运行考核：根据管理要求，汇总监测体系建设运行总体情况，生成考核表格。实现按时间、空间、行业、污染源类型等统计，应开展监测的企业数量、不具备监测条件的企业数量及原因、实际开展监测的企业数量以及监测点位数量、监测指标数量、各监测指标的开展数量（企业自行监测分手工和自动）。

数据查询处理与分析：查询条件可以保存为查询方案，查询时可调用查询方案进行查询。

决策支持：该发布系统除采用基本的数据分析方法外，需要支持 OLAP 等分析技术，对数据中心数据的快速分析访问，向用户显示重要的数据分类、数据集合、数据更新的通知以及用户自己的数据订阅等信息。

提供环保搜索功能，用户可按权限快速查询各类环境信息。可以直接从系统进行汇总、平均或读取数据，实现多维数据结构的灵活表现。

信息发布：全国污染源监测数据信息公开系统包括电脑端信息发布和移动端信息发布，信息发布系统应满足为社会公众用户提供全国重点污染源自行监测和监督性监测信息公开的查询和浏览功能，推动公众参与监督重点监控企业污染物排放，督促企业按照规范自行监测及信息公开，督促企业自觉履行法定义务和社会责任。

信息发布移动终端版：将环境质量与污染排放相结合，利用移动端便捷、直观的优势，快速、灵活、全面地提供数据中心关键资源的信息，包括 KPI 指标监控、数据查询以及结合电子地图的地图查询。帮助用户随时随地地了解环境质量及污染排放的关键数据和信息，提高污染源监管信息公开力度。

自行监测知识库：企业自行监测知识库系统能够面向企业单位提供自行监测相关的法律法规、政策文件、排放标准、监测规范、方法、自行监测方案范例、相关处罚案例等查询服务，帮助和指导企业做好自行监测工作。

排放标准管理：提供排放标准的维护管理和达标评价功能。管理用户可以对标准进行增删改查操作，以保持标准为最新版本。提供接口，数据录入编辑时、数据进行发布时均可调用该接口判定该数据是否超标，超标的给予提示并按超标比例不同给出不同的颜色提醒。

个人工作台：包括信息提醒（邮件和短信）、通知管理、数据报送情况查询、数据校验规则设置与管理等。为不同用户提供针对性强、特定的用户体验，方便用户使用。

系统管理：系统管理实现系统维护相关功能，系统维护人员和数据管理人员基于这些功能对数据采集和服务进行管理，综合信息管理主要包括系统管理、个人工作管理、数据管理等方面的功能。

数据交换系统：建立数据交换共享平台，实现系统中各子系统间的内部数据交换，尤其是实现与外部系统的交换。

内部交换包括采集子系统与查询分析子系统，各子系统与信息发布子系统之间的数据交换。

外部交换主要是与其他信息系统的数据进行对接。本项目将依据能力建设项目的相关标准制定监测数据标准、交换的工作流程标准、安全标准及交换运行保障标准等标准，制定统一的数据接口供各地现行污染源监测及信息公开平台共享数据，并且为污染源监测数据管理系统及企业污染源自动监测数据采集等相关系统提供传输数据接口。各相关系统按数据标准生成数据 XML 文件通过接口传递到本系统解析入库，以实现与本系统的互联互通，减少企业重复录入，提高数据质量。

10.3　企业自行监测数据报送

10.3.1　企业自行监测数据报送方式

企业自行监测数据采集方式有两种，一种是可直接登录使用本系统录入自行监测方案及数据；另一种是使用各省自建平台录入自行监测方案及数据，再向本系统传送。本系统与排污许可管理信息系统互通，可从排污许可管理信息系统获取已发证企业的基本信息，再将本系统采集的自行监测数据推送给排污许可管理信息系统进行公开。

直接使用本系统采集和报送数据的企业，可先从排污许可管理信息系统共享已发证企业基本信息，使用本系统录入完善企业自行监测方案、监测数据等信息，再将监测数据共享到排污许可管理信息系统进行发布。企业自行监测数据报送流程见图10-3。

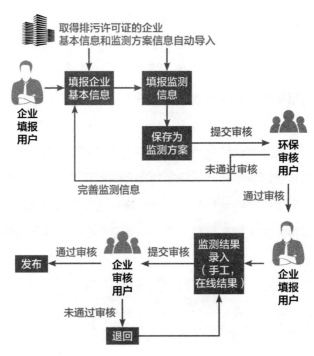

图 10-3　企业自行监测数据报送流程图

如果各省份使用本地平台采集和发布信息，地方平台将发放许可证的企业信息和方案信息导入地方平台，再由企业在地方平台进行数据的录入，然后由地方平台将数据导入国家平台。使用地方平台采集企业自行监测信息的报送流程见图10-4。

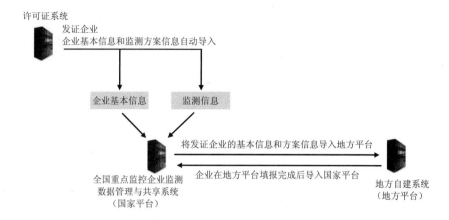

图 10-4　使用地方平台采集自行监测数据的报送流程图

10.3.2　方案与数据填报流程

自行监测方案的填报流程。企业用户登录系统，录入企业基本信息和监测信息，保存成方案后提交所属环境保护管理部门审核（审核功能并非强制性，是否需要审核由环保管理部门根据本地区管理需求进行设置）。发放了许可证的企业，这两部分信息会自动从许可证系统导入本系统中，企业仅需要完善即可。

自行监测数据填报流程。方案审核通过的企业按监测方案进行监测数据的填报，企业内部可以进行数据审核，审核通过的进行发布，不通过的退回填报用户进行修改。具有审核权限的填报用户也可以直接发布。

10.3.3　报送内容

企业基本信息：包括企业名称、社会信用代码、组织机构代码（与社会信用代码二选一）、企业类别、企业规模、注册类型、行业类别、企业注册地址、企业生产地址、企业地理位置。

监测方案信息：包括各排放设备、排放口、监测点位、监测项目、执行的排放标准及限值、监测方法、监测频次、委托服务机构等信息。

　　监测数据：分为手工监测数据、自动监测数据两类。需填报各监测点开展监测的各项污染物的排放浓度、相关参数信息、未监测原因等信息。其中，自动监测数据可以从各省统一接入，也可由企业自行录入。

附 录

附录 1

排污单位自行监测技术指南 总则
（HJ 819—2017）

前 言

为落实《中华人民共和国环境保护法》《中华人民共和国大气污染防治法》《中华人民共和国水污染防治法》，指导和规范排污单位自行监测工作，制定本标准。

本标准提出了排污单位自行监测的一般要求、监测方案制定、监测质量保证和质量控制、信息记录和报告的基本内容和要求。

本标准为首次发布。

本标准由环境保护部环境监测司、科技标准司提出并组织制订。

本标准主要起草单位：中国环境监测总站。

本标准环境保护部 2017 年 4 月 25 日批准。

本标准自 2017 年 6 月 1 日起实施。

本标准由环境保护部解释。

1 适用范围

本标准提出了排污单位自行监测的一般要求、监测方案制定、监测质量保证和质量控制、信息记录和报告的基本内容和要求。

排污单位可参照本标准在生产运行阶段对其排放的水、气污染物，噪声以及对其周边环境质量影响开展监测。

本标准适用于无行业自行监测技术指南的排污单位；行业自行监测技术指南中未规定的内容按本标准执行。

2 规范性引用文件

本标准内容引用了下列文件或其中的条款。凡是未注明日期的引用文件，其有效版本适用于本标准。

GB 12348   工业企业厂界环境噪声排放标准

GB/T 16157   固定污染源排气中颗粒物测定与气态污染物采样方法

HJ 2.1   环境影响评价技术导则 总纲

HJ 2.2   环境影响评价技术导则 大气环境

HJ/T 2.3   环境影响评价技术导则 地面水环境

HJ 2.4   环境影响评价技术导则 声环境

HJ/T 55   大气污染物无组织排放监测技术导则

HJ/T 75   固定污染源烟气排放连续监测技术规范（试行）

HJ/T 76   固定污染源烟气排放连续监测系统技术要求及检测方法（试行）

HJ/T 91   地表水和污水监测技术规范

HJ/T 92   水污染物排放总量监测技术规范

HJ/T 164   地下水环境监测技术规范

HJ/T 166   土壤环境监测技术规范

HJ/T 194   环境空气质量手工监测技术规范

HJ/T 353	水污染源在线监测系统安装技术规范（试行）
HJ/T 354	水污染源在线监测系统验收技术规范（试行）
HJ/T 355	水污染源在线监测系统运行与考核技术规范（试行）
HJ/T 356	水污染源在线监测系统数据有效性判别技术规范（试行）
HJ/T 397	固定源废气监测技术规范
HJ 442	近岸海域环境监测规范
HJ 493	水质 样品的保存和管理技术规定
HJ 494	水质 采样技术指导
HJ 495	水质 采样方案设计技术规定
HJ 610	环境影响评价技术导则 地下水环境
HJ 733	泄漏和敞开液面排放的挥发性有机物检测技术导则

《企业事业单位环境信息公开办法》（环境保护部令 第 31 号）

《国家重点监控企业自行监测及信息公开办法（试行）》（环发〔2013〕81 号）

3 术语和定义

下列术语和定义适用于本标准。

3.1 自行监测 self-monitoring

指排污单位为掌握本单位的污染物排放状况及其对周边环境质量的影响等情况，按照相关法律法规和技术规范，组织开展的环境监测活动。

3.2 重点排污单位 key pollutant discharging entity

指由设区的市级及以上地方人民政府环境保护主管部门商有关部门确定的本行政区域内的重点排污单位。

3.3 外排口监测点位 emission site

指用于监测排污单位通过排放口向环境排放废气、废水（包括向公共污水处理系统排放废水）污染物状况的监测点位。

3.4　内部监测点位　internal monitoring site

指用于监测污染治理设施进口、污水处理厂进水等污染物状况的监测点位，或监测工艺过程中影响特定污染物产生排放的特征工艺参数的监测点位。

4　自行监测的一般要求

4.1　制定监测方案

排污单位应查清所有污染源，确定主要污染源及主要监测指标，制定监测方案。监测方案内容包括：单位基本情况、监测点位及示意图、监测指标、执行标准及其限值、监测频次、采样和样品保存方法、监测分析方法和仪器、质量保证与质量控制等。

新建排污单位应当在投入生产或使用并产生实际排污行为之前完成自行监测方案的编制及相关准备工作。

4.2　设置和维护监测设施

排污单位应按照规定设置满足开展监测所需要的监测设施。废水排放口，废气（采样）监测平台、监测断面和监测孔的设置应符合监测规范要求。监测平台应便于开展监测活动，应能保证监测人员的安全。

废水排放量大于 100 t/d 的，应安装自动测流设施并开展流量自动监测。

4.3　开展自行监测

排污单位应按照最新的监测方案开展监测活动，可根据自身条件和能力，利用自有人员、场所和设备自行监测；也可委托其他有资质的检（监）测机构代其开展自行监测。

持有排污许可证的企业自行监测年度报告内容可以在排污许可证年度执行报告中体现。

4.4　做好监测质量保证与质量控制

排污单位应建立自行监测质量管理制度，按照相关技术规范要求做好监测质量保证与质量控制。

4.5 记录和保存监测数据

排污单位应做好与监测相关的数据记录，按照规定进行保存，并依据相关法规向社会公开监测结果。

5 监测方案制定

5.1 监测内容

5.1.1 污染物排放监测

包括废气污染物（以有组织或无组织形式排入环境）、废水污染物（直接排入环境或排入公共污水处理系统）及噪声污染等。

5.1.2 周边环境质量影响监测

污染物排放标准、环境影响评价文件及其批复或其他环境管理有明确要求的，排污单位应按照要求对其周边相应的空气、地表水、地下水、土壤等环境质量开展监测；其他排污单位根据实际情况确定是否开展周边环境质量影响监测。

5.1.3 关键工艺参数监测

在某些情况下，可以通过对与污染物产生和排放密切相关的关键工艺参数进行测试以补充污染物排放监测。

5.1.4 污染治理设施处理效果监测

若污染物排放标准等环境管理文件对污染治理设施有特别要求的，或排污单位认为有必要的，应对污染治理设施处理效果进行监测。

5.2 废气排放监测

5.2.1 有组织排放监测

5.2.1.1 确定主要污染源和主要排放口

符合以下条件的废气污染源为主要污染源：

1）单台出力 14 MW 或 20 t/h 及以上的各种燃料的锅炉和燃气轮机组；

2）重点行业的工业炉窑（水泥窑、炼焦炉、熔炼炉、焚烧炉、熔化炉、铁矿烧结炉、加热炉、热处理炉、石灰窑等）；

3）化工类生产工序的反应设备（化学反应器/塔、蒸馏/蒸发/萃取设备等）；

4）其他与上述所列相当的污染源。

符合以下条件的废气排放口为主要排放口：

1）主要污染源的废气排放口；

2）"排污许可证申请与核发技术规范"确定的主要排放口；

3）对于多个污染源共用一个排放口的，凡涉主要污染源的排放口均为主要排放口。

5.2.1.2　监测点位

1）外排口监测点位：点位设置应满足 GB/T 16157、HJ 75 等技术规范的要求。净烟气与原烟气混合排放的，应在排气筒或烟气汇合后的混合烟道上设置监测点位；净烟气直接排放的，应在净烟气烟道上设置监测点位，有旁路的旁路烟道也应设置监测点位。

2）内部监测点位设置：当污染物排放标准中有污染物处理效果要求时，应在进入相应污染物处理设施单元的进出口设置监测点位。当环境管理文件有要求，或排污单位认为有必要的，可设置开展相应监测内容的内部监测点位。

5.2.1.3　监测指标

各外排口监测点位的监测指标应至少包括所执行的国家或地方污染物排放（控制）标准、环境影响评价文件及其批复、排污许可证等相关管理规定明确要求的污染物指标。排污单位还应根据生产过程的原辅用料、生产工艺、中间及最终产品，确定是否排放纳入相关有毒有害或优先控制污染物名录中的污染物指标，或其他有毒污染物指标，这些指标也应纳入监测指标。

对于主要排放口监测点位的监测指标，符合以下条件的为主要监测指标：

1）二氧化硫、氮氧化物、颗粒物（或烟尘/粉尘）、挥发性有机物中排放量较大的污染物指标；

2）能在环境或动植物体内积蓄对人类产生长远不良影响的有毒污染物指标（存在有毒有害或优先控制污染物相关名录的，以名录中的污染物指标为准）；

3）排污单位所在区域环境质量超标的污染物指标。

内部监测点位的监测指标根据点位设置的主要目的确定。

5.2.1.4　监测频次

1）确定监测频次的基本原则

排污单位应在满足本标准要求的基础上，遵循以下原则确定各监测点位不同监测指标的监测频次：

a）不应低于国家或地方发布的标准、规范性文件、规划、环境影响评价文件及其批复等明确规定的监测频次；

b）主要排放口的监测频次高于非主要排放口；

c）主要监测指标的监测频次高于其他监测指标；

d）排向敏感地区的应适当增加监测频次；

e）排放状况波动大的，应适当增加监测频次；

f）历史稳定达标状况较差的需增加监测频次，达标状况良好的可以适当降低监测频次；

g）监测成本应与排污企业自身能力相一致，尽量避免重复监测。

2）原则上，外排口监测点位最低监测频次按照表1执行。废气烟气参数和污染物浓度应同步监测。

表 1　废气监测指标的最低监测频次

排污单位级别	主要排放口		其他排放口的监测指标
	主要监测指标	其他监测指标	
重点排污单位	月—季度	半年—年	半年—年
非重点排污单位	半年—年	年	年

注：为最低监测频次的范围，分行业排污单位自行监测技术指南中依据此原则确定各监测指标的最低监测频次。

3）内部监测点位的监测频次根据该监测点位设置目的、结果评价的需要、补充监测结果的需要等进行确定。

5.2.1.5 监测技术

监测技术包括手工监测、自动监测两种，排污单位可根据监测成本、监测指标以及监测频次等内容，合理选择适当的监测技术。

对于相关管理规定要求采用自动监测的指标，应采用自动监测技术；对于监测频次高、自动监测技术成熟的监测指标，应优先选用自动监测技术；其他监测指标，可选用手工监测技术。

5.2.1.6 采样方法

废气手工采样方法的选择参照相关污染物排放标准及 GB/T 16157、HJ/T 397等执行。废气自动监测参照 HJ/T 75、HJ/T 76 执行。

5.2.1.7 监测分析方法

监测分析方法的选用应充分考虑相关排放标准的规定、排污单位的排放特点、污染物排放浓度的高低、所采用监测分析方法的检出限和干扰等因素。

监测分析方法应优先选用所执行的排放标准中规定的方法。选用其他国家、行业标准方法的，方法的主要特性参数（包括检出下限、精密度、准确度、干扰消除等）需符合标准要求。尚无国家和行业标准分析方法的，或采用国家和行业标准方法不能得到合格测定数据的，可选用其他方法，但必须做方法验证和对比实验，证明该方法主要特性参数的可靠性。

5.2.2 无组织排放监测

5.2.2.1 监测点位

存在废气无组织排放源的，应设置无组织排放监测点位，具体要求按相关污染物排放标准及 HJ/T 55、HJ 733 等执行。

5.2.2.2 监测指标

按本标准 5.2.1.3 执行。

5.2.2.3 监测频次

钢铁、水泥、焦化、石油加工、有色金属冶炼、采矿业等无组织废气排放较重的污染源，无组织废气每季度至少开展一次监测；其他涉无组织废气排放的污染源每年至少开展一次监测。

5.2.2.4 监测技术

按本标准 5.2.1.5 执行。

5.2.2.5 采样方法

参照相关污染物排放标准及 HJ/T 55、HJ 733 执行。

5.2.2.6 监测分析方法

按本标准 5.2.1.7 执行。

5.3 废水排放监测

5.3.1 监测点位

5.3.1.1 外排口监测点位

在污染物排放标准规定的监控位置设置监测点位。

5.3.1.2 内部监测点位

按本标准 5.2.1.2 2）执行。

5.3.2 监测指标

符合以下条件的为各废水外排口监测点位的主要监测指标：

1）化学需氧量、五日生化需氧量、氨氮、总磷、总氮、悬浮物、石油类中排放量较大的污染物指标；

2）污染物排放标准中规定的监控位置为车间或生产设施废水排放口的污染物指标，以及有毒有害或优先控制污染物相关名录中的污染物指标；

3）排污单位所在流域环境质量超标的污染物指标。

其他要求按本标准 5.2.1.3 执行。

5.3.3 监测频次

5.3.3.1 监测频次确定的基本原则

按本标准 5.2.1.4 1）执行。

5.3.3.2 原则上，外排口监测点位最低监测频次按照表 2 执行。各排放口废水流量和污染物浓度同步监测。

表 2 废水监测指标的最低监测频次

排污单位级别	主要监测指标	其他监测指标
重点排污单位	日—月	季度—半年
非重点排污单位	季度	年

注：为最低监测频次的范围，在行业排污单位自行监测技术指南中依据此原则确定各监测指标的最低监测频次。

5.3.3.3 内部监测点位监测频次

按本标准 5.2.1.4 3）执行。

5.3.4 监测技术

按本标准 5.2.1.5 执行。

5.3.5 采样方法

废水手工采样方法的选择参照相关污染物排放标准及 HJ/T 91、HJ/T 92、HJ 493、HJ 494、HJ 495 等执行，根据监测指标的特点确定采样方法为混合采样方法或瞬时采样的方法，单次监测采样频次按相关污染物排放标准和 HJ/T 91 执行。污水自动监测采样方法参照 HJ/T 353、HJ/T 354、HJ/T 355、HJ/T 356 执行。

5.3.6 监测分析方法

按本标准 5.2.1.7 执行。

5.4 厂界环境噪声监测

5.4.1 监测点位

5.4.1.1 厂界环境噪声的监测点位置具体要求按 GB 12348 执行。

5.4.1.2 噪声布点应遵循以下原则：

1）根据厂内主要噪声源距厂界位置布点；

2）根据厂界周围敏感目标布点；

3）"厂中厂"是否需要监测根据内部和外围排污单位协商确定；

4）面临海洋、大江、大河的厂界原则上不布点；

5）厂界紧邻交通干线不布点；

6）厂界紧邻另一排污单位的，在临近另一排污单位侧是否布点由排污单位协商确定。

5.4.2 监测频次

厂界环境噪声每季度至少开展一次监测，夜间生产的要监测夜间噪声。

5.5 周边环境质量影响监测

5.5.1 监测点位

排污单位厂界周边的土壤、地表水、地下水、大气等环境质量影响监测点位参照排污单位环境影响评价文件及其批复及其他环境管理要求设置。

如环境影响评价文件及其批复及其他文件中均未作出要求，排污单位需要开展周边环境质量影响监测的，环境质量影响监测点位设置的原则和方法参照HJ 2.1、HJ 2.2、HJ/T 2.3、HJ 2.4、HJ 610 等规定。各类环境影响监测点位设置按照 HJ/T 91、HJ/T 164、HJ 442、HJ/T 194、HJ/T 166 等执行。

5.5.2 监测指标

周边环境质量影响监测点位监测指标参照排污单位环境影响评价文件及其批复等管理文件的要求执行，或根据排放的污染物对环境的影响确定。

5.5.3 监测频次

若环境影响评价文件及其批复等管理文件有明确要求的，排污单位周边环境质量监测频次按照要求执行。

否则，涉水重点排污单位地表水每年丰水期、平水期、枯水期至少各监测一次；涉气重点排污单位空气质量每半年至少监测一次；涉重金属、难降解类有机污染物等重点排污单位土壤、地下水每年至少监测一次。发生突发环境事故对周边环境质量造成明显影响的，或周边环境质量相关污染物超标的，应适当增加监测频次。

5.5.4 监测技术

按本标准 5.2.1.5 执行。

5.5.5 采样方法

周边水环境质量监测点采样方法参照 HJ/T 91、HJ/T 164、HJ 442 等执行。

周边大气环境质量监测点采样方法参照 HJ/T 194 等执行。

周边土壤环境质量监测点采样方法参照 HJ/T 166 等执行。

5.5.6 监测分析方法

按本标准 5.2.1.7 执行。

5.6 监测方案的描述

5.6.1 监测点位的描述

所有监测点位均应在监测方案中通过语言描述、图形示意等形式明确体现。描述内容包括监测点位的平面位置及污染物的排放去向等。废水监测点需明确其所在废水排放口、对应的废水处理工艺；废气排放监测点位需明确其在排放烟道的位置分布、对应的污染源及处理设施。

5.6.2 监测指标的描述

所有监测指标采用表格、语言描述等形式明确体现。监测指标应与监测点位相对应，监测指标内容包括每个监测点位应监测的指标名称、排放限值、排放限值的来源（如标准名称、编号）等。

国家或地方污染物排放（控制）标准、环境影响评价文件及其批复、排污许可证中的污染物，如排污单位确认未排放，监测方案中应明确注明。

5.6.3 监测频次的描述

监测频次应与监测点位、监测指标相对应，每个监测点位的每项监测指标的监测频次都应详细注明。

5.6.4 采样方法的描述

对每项监测指标都应注明其选用的采样方法。废水采集混合样品的，应注明混合样采样个数。废气非连续采样的，应注明每次采集的样品个数。废气颗粒物采样，应注明每个监测点位设置的采样孔和采样点个数。

5.6.5 监测分析方法的描述

对每项监测指标都应注明其选用的监测分析方法名称、来源依据、检出限等内容。

5.7 监测方案的变更

当有以下情况发生时，应变更监测方案：

1）执行的排放标准发生变化；

2）排放口位置、监测点位、监测指标、监测频次、监测技术任一项内容发生变化；

3）污染源、生产工艺或处理设施发生变化。

6 监测质量保证与质量控制

排污单位应建立并实施质量保证与控制措施方案，以自证自行监测数据的质量。

6.1 建立质量体系

排污单位应根据本单位自行监测的工作需求，设置监测机构，梳理监测方案制定、样品采集、样品分析、监测结果报出、样品留存、相关记录的保存等监测的各个环节中，为保证监测工作质量应制定的工作流程、管理措施与监督措施，建立自行监测质量体系。

质量体系应包括对以下内容的具体描述：监测机构、人员、出具监测数据所需仪器设备、监测辅助设施和实验室环境、监测方法技术能力验证、监测活动质量控制与质量保证等。

委托其他有资质的检（监）测机构代其开展自行监测的，排污单位不用建立监测质量体系，但应对检（监）测机构的资质进行确认。

6.2 监测机构

监测机构应具有与监测任务相适应的技术人员、仪器设备和实验室环境，明确监测人员和管理人员的职责、权限和相互关系，有适当的措施和程序保证监测结果准确可靠。

6.3 监测人员

应配备数量充足、技术水平满足工作要求的技术人员，规范监测人员录用、培训教育和能力确认/考核等活动，建立人员档案，并对监测人员实施监督和管理，规避人员因素对监测数据正确性和可靠性的影响。

6.4　监测设施和环境

根据仪器使用说明书、监测方法和规范等的要求，配备必要的如除湿机、空调、干湿度温度计等辅助设施，以使监测工作场所条件得到有效控制。

6.5　监测仪器设备和实验试剂

应配备数量充足、技术指标符合相关监测方法要求的各类监测仪器设备、标准物质和实验试剂。

监测仪器性能应符合相应方法标准或技术规范要求，根据仪器性能实施自校准或者检定/校准、运行和维护、定期检查。

标准物质、试剂、耗材的购买和使用情况应建立台账予以记录。

6.6　监测方法技术能力验证

应组织监测人员按照其所承担监测指标的方法步骤开展实验活动，测试方法的检出浓度、校准（工作）曲线的相关性、精密度和准确度等指标，实验结果满足方法相应的规定以后，方可确认该人员实际操作技能满足工作需求，能够承担测试工作。

6.7　监测质量控制

编制监测工作质量控制计划，选择与监测活动类型和工作量相适应的质控方法，包括使用标准物质、采用空白试验、平行样测定、加标回收率测定等，定期进行质控数据分析。

6.8　监测质量保证

按照监测方法和技术规范的要求开展监测活动，若存在相关标准规定不明确但又影响监测数据质量的活动，可编写《作业指导书》予以明确。

编制工作流程等相关技术规定，规定任务下达和实施，分析用仪器设备购买、验收、维护和维修，监测结果的审核签发、监测结果录入发布等工作的责任人和完成时限，确保监测各环节无缝衔接。

设计记录表格，对监测过程的关键信息予以记录并存档。

定期对自行监测工作开展的时效性、自行监测数据的代表性和准确性、管理部门检查结论和公众对自行监测数据的反馈等情况进行评估，识别自行监测存在的问题，及时采取纠正措施。管理部门执法监测与排污单位自行监测数据不一致的，以管理部门执法监测结果为准，作为判断污染物排放是否达标、自动监测设施是否正常运行的依据。

7 信息记录和报告

7.1 信息记录

7.1.1 手工监测的记录

7.1.1.1 采样记录：采样日期、采样时间、采样点位、混合取样的样品数量、采样器名称、采样人姓名等。

7.1.1.2 样品保存和交接：样品保存方式、样品传输交接记录。

7.1.1.3 样品分析记录：分析日期、样品处理方式、分析方法、质控措施、分析结果、分析人姓名等。

7.1.1.4 质控记录：质控结果报告单。

7.1.2 自动监测运维记录

包括自动监测系统运行状况、系统辅助设备运行状况、系统校准、校验工作等；仪器说明书及相关标准规范中规定的其他检查项目；校准、维护保养、维修记录等。

7.1.3 生产和污染治理设施运行状况

记录监测期间企业及各主要生产设施（至少涵盖废气主要污染源相关生产设施）运行状况（包括停机、启动情况）、产品产量、主要原辅料使用量、取水量、主要燃料消耗量、燃料主要成分、污染治理设施主要运行状态参数、污染治理主要药剂消耗情况等。日常生产中上述信息也须整理成台账保存备查。

7.1.4 固体废物（危险废物）产生与处理状况

记录监测期间各类固体废物和危险废物的产生量、综合利用量、处置量、贮存量、倾倒丢弃量，危险废物还应详细记录其具体去向。

7.2　信息报告

排污单位应编写自行监测年度报告，年度报告至少应包含以下内容：

1）监测方案的调整变化情况及变更原因；

2）企业及各主要生产设施（至少涵盖废气主要污染源相关生产设施）全年运行天数，各监测点、各监测指标全年监测次数、超标情况、浓度分布情况；

3）按要求开展的周边环境质量影响状况监测结果；

4）自行监测开展的其他情况说明；

5）排污单位实现达标排放所采取的主要措施。

7.3　应急报告

监测结果出现超标的，排污单位应加密监测，并检查超标原因。短期内无法实现稳定达标排放的，应向环境保护主管部门提交事故分析报告，说明事故发生的原因，采取减轻或防止污染的措施，以及今后的预防及改进措施等；若因发生事故或者其他突发事件，排放的污水可能危及城镇排水与污水处理设施安全运行的，应当立即采取措施消除危害，并及时向城镇排水主管部门和环境保护主管部门等有关部门报告。

7.4　信息公开

排污单位自行监测信息公开内容及方式按照《企业事业单位环境信息公开办法》（环境保护部令　第 31 号）及《国家重点监控企业自行监测及信息公开办法（试行）》（环发（2013）81 号）执行。非重点排污单位的信息公开要求由地方环境保护主管部门确定。

8　监测管理

排污单位对其自行监测结果及信息公开内容的真实性、准确性、完整性负责。

排污单位应积极配合并接受环境保护行政主管部门的日常监督管理。

附录2

《排污单位自行监测技术指南　总则》等三项
环境保护标准解读

　　环境保护部印发了《排污单位自行监测技术指南　总则》（以下简称《总则》）、《排污单位自行监测技术指南　火力发电及锅炉》《排污单位自行监测技术指南造纸工业》三项环境保护标准，对排污单位自行监测活动提出技术指导。

　　这三项环境保护标准对支撑排污许可申请与核发，规范企业自证守法行为具有重要意义，本文对这三项环境保护标准的编制背景、主要内容等进行详细解读。

1. 为什么要编制排污单位自行监测技术指南？

　　重点排污单位开展排污状况自行监测是法定的责任和义务。《环境保护法》第四十二条明确提出"重点排污单位应当按照国家有关规定和监测规范安装使用监测设备，保证监测设备正常运行，保存原始监测记录"；第五十五条要求"重点排污单位应当如实向社会公开其主要污染物的名称、排放方式、排放浓度和总量、超标排放情况，以及防治污染设施的建设和运行情况，接受社会监督"。

　　我国缺少污染物排放自行监测系统性的技术指导文件。对每个排污单位来说，生产工艺的污染排放特点不同，各监测点位执行的排放标准、应控制的污染物指标有所差异。虽然各种监测技术标准与规范已从不同角度对排污单位的监测内容做出了规定，但是由于国家发布的有关规定必须有普适性、原则性的特点，因此排污单位在开展自行监测过程中如何结合企业具体情况，合理确定监测点位、监测项目和监测频次等实际问题上面临着诸多疑问。

　　自行监测开展过程中存在一系列问题。由于缺少系统性的技术指导文件，在对企业自行监测日常监督检查及现场检查中发现，部分排污单位自行监测方案的内容不合理，存在排污单位未包括全部排放口、监测点位设置不规范、监测项目仅包括主要污染物、监测频次设计不合理等问题，因此应加强对企业自行监测的指导和规范。

2. 与排污许可制度是什么关系？

国务院办公厅印发的《控制污染物排放许可制实施方案》明确了由企业"自证守法"。环保部印发的《排污许可证管理暂行规定》，明确了自行监测要求是排污许可证重要的载明事项。

自行监测技术指南是企业开展自行监测的指导性技术文件，用于规范各地对企业自行监测要求，指导企业自行监测活动。地方政府在核发排污许可证时，应参照相应的自行监测技术指南对企业自行监测提出明确要求，并在排污许可证中进行载明，依托排污许可制度进行实施。因此，自行监测技术指南是排污许可制度的主要技术支撑文件。

另外，对于暂未发放排污许可证的企业，应自觉落实《环保法》要求，参照自行监测技术指南开展自行监测。

3. 自行监测技术指南中规定了哪些内容？

《总则》的核心内容包括以下四个方面的内容：

一是自行监测的一般要求，即制定监测方案、设置和维护监测设施、开展自行监测、做好监测质量保证与质量控制、记录保存和公开监测数据的基本要求；

二是监测方案制定，包括监测点位、监测指标、监测频次、监测技术、采样方法、监测分析方法的确定原则和方法；

三是监测质量保证与质量控制，从监测机构、人员、出具数据所需仪器设备、监测辅助设施和实验室环境、监测方法技术能力验证、监测活动质量控制与质量保证等方面的全过程质量控制；

四是信息记录和报告要求，包括监测信息记录、信息报告、应急报告、信息公开等内容。

火力发电及锅炉、造纸工业自行监测技术指南包括自行监测方案，信息记录和报告两个核心内容，结合行业排放特点和管理要求，对《总则》中相应的内容进行细化。

4.《总则》与行业自行监测技术指南的关系？

《总则》在排污单位自行监测指南体系中属于纲领性的文件，起到统一思路和要求的作用。首先，对行业指南总体性原则进行规定，作为行业指南的参考性文件；其次，对于行业指南中必不可少，但要求比较一致的内容，可以在《总则》中进行体现，在行业指南中加以引用，即保证一致性，也减少重复；最后，对于部分污染差异大、企业数量少的行业，单独制定行业指南意义不大，这类行业企业可以参照《总则》开展自行监测。行业指南未发布的，也应参照《总则》开展自行监测。

与排污许可制度相适应，为提高对排污单位自行监测指导的针对性和确定性，按照《总则》的总体原则，根据行业产排污具体情况，制定行业指南。本次发布的火力发电及锅炉、造纸工业自行监测技术指南是火电、造纸行业企业排污许可证申请与核发配套技术文件之一。

5. 如何编制企业自行监测方案？

编制企业自行监测方案时，应参照相应的指南，遵循以下基本原则：

第一，系统设计，全面考虑。

开展自行监测方案设计，应从监测活动的全过程进行梳理，考虑全要素、全指标，进行系统性设计。

覆盖全过程。按照排污单位开展监测活动的整个过程，从制定方案、设置和维护监测设施、开展监测、做好监测质量保证与质量控制、记录和保存监测数据的全过程各环节进行考虑。

覆盖全要素。考虑到排污单位对环境的影响，可能通过气态污染物、水污染物或固废多种途径，单要素的考虑易出现片面的结论。设计自行监测方案时，应对排放的水污染物、气污染物，噪声情况，固废产生和处理情况等要素进行全面考虑。

覆盖全指标。排污单位的监测不能仅限于个别污染物指标，而应能全面说清污染物的排放状况。至少应包括对应的污染源所执行的国家或地方污染物排放（控制）标准、环境影响评价文件及其批复、排污许可证等相关管理规定明确要求的污染物指标。除此之外，排污单位在确定外排口监测点位的监测指标时，还应根据生产过程的原辅用料、生产工艺、中间及最终产品类型确定潜在的污染物，对潜在污染物进行摸底监测，根据摸底监测结果确定各外排口监测点位是否存在其他纳入相关有毒有害或优先控制污染物名录中的污染物指标，或其他有毒污染物指标，也应纳入监测指标。尤其是对于新的化学品，尚未纳入标准或污染物控制名录的污染物指标，但确定排放且对公众健康或环境质量有影响的污染物，排污单位从风险防范的角度，应当开展监测。

第二，体现差异，突出重点。

监测方案设计时，应针对不同的对象、要素、污染物指标，体现差异性，突出重点，突出环境要素、重点污染源和重点污染物。

突出重点排放源和排放口。污染物排放监测应能抓住主要排放源的排放特点，尤其是对于废气污染物排放来说，同一家排污单位可能存在很多排放源，每个排放源的排放特征、污染物排放量贡献情况往往存在较大差异，"一刀切"的统一规定，既会造成巨大浪费，也会因为过大增加工作量而增加推行的难度。因此，应抓住重点排放源，重点排放源对应的排污口监测要求应高于其他排放源。

突出主要污染物。同一排污口，涉及的污染物指标往往很多，尤其是废水排污口，排放标准中一般有 8~15 项污染物指标，化工类企业污染物指标更多，也应体现差异性。以下四类污染物指标应作为主要污染物，在监测要求上高于其他污染物：一是排放量较大的污染物指标；二是对环境质量影响较大的污染物指标；三是对人体健康有明显影响的污染物指标；四是感观上易引起公众关注的污染物指标。

突出主要要素。根据监测的难易程度和必要性，重点对水污染物、气污染物排放监测进行考虑。对于火电行业更加突出废气污染物的监测，而造纸行业则更加突出废水污染物的监测。

第三，立足当前，适度前瞻。

为了提高可行性，设计监测方案时应立足于当前管理需求和监测现状。首先，对于国际上开展的监测内容，而我国尚未纳入实际管理过程中的内容，可暂时弱化要求。其次，对于管理有需求，但是技术经济尚未成熟的内容，在自行监测方案制定过程中，予以特殊考虑。最后，对于部分当前管理虽尚未明确的内容，已引起关注的内容，采取适度前瞻，为未来的管理决策提供信息支撑的原则，予以适当的考虑。

6. 三项标准有哪些亮点？

一是细化了自行监测方案编制要求。与以往相关技术规范相比，这三项标准对自行监测方案的关键要素进行了细化，对监测内容、监测点位、监测指标、监测频次等的确定提出了技术要求，提高了可操作性。

二是监测方案确定的内容体现了"刚性"与"灵活性"的结合。在监测点位、监测指标、监测频次等内容的确定上，既给出了最低要求，也提出了排污单位可自主选择的内容。如在监测频次上，标准给出了最低监测频次，同时提出排污单位可调整监测频次的相关原则；在监测指标上，排放标准等相关规定明确要求排污单位开展监测的指标，指南中给出了具体频次要求，其他排放标准中未规定的，但排污单位实际排放的，也应纳入监测范围。

三是与相关标准规范有效衔接。本标准是对现有标准体系的补充。我国已经发布了一系列监测技术规范、方法标准等相关标准规范。排污单位在开展自行监测时，应遵循这些标准规范。本标准通过与这些标准规范的衔接，对排污单位自行监测活动进行系统性指导。

　　四是《总则》与行业指南的体系设计兼顾了系统性和针对性。排污单位自行监测技术指南是一个"1+N"的体系，《总则》为统领，既对行业指南的编制进行指导，也对各行业都涉及的共性内容进行统一规定。行业指南根据《总则》确定的原则，结合行业特点，重点对监测点位、监测指标、监测频次、信息记录等体现行业特点的内容进行规定。这样的体系设计，既可以避免行业指南中有重复性的内容，也能够提高行业指南的针对性。

附录3

国家重点监控企业自行监测及信息公开办法
（试　行）

第一章　总　则

第一条　为规范企业自行监测及信息公开，督促企业自觉履行法定义务和社会责任，推动公众参与，根据《中华人民共和国环境保护法》《中华人民共和国水污染防治法》《"十二五"主要污染物总量减排考核办法》《"十二五"主要污染物总量减排监测办法》《环境监测管理办法》等有关规定，制定本办法。

第二条　本办法适用于国家重点监控企业，以及纳入各地年度减排计划且向水体集中直接排放污水的规模化畜禽养殖场（小区）。其他企业可参照执行。

本办法所称的企业自行监测，是指企业按照环境保护法律法规要求，为掌握本单位的污染物排放状况及其对周边环境质量的影响等情况，组织开展的环境监测活动。

第三条　企业可依托自有人员、场所、设备开展自行监测，也可委托其他检（监）测机构代其开展自行监测。

企业对其自行监测结果及信息公开内容的真实性、准确性、完整性负责。

第二章　监测与报告

第四条　企业应当按照国家或地方污染物排放（控制）标准、环境影响评价报告书（表）及其批复、环境监测技术规范的要求，制定自行监测方案。

自行监测方案内容应包括企业基本情况、监测点位、监测频次、监测指标、执行排放标准及其限值、监测方法和仪器、监测质量控制、监测点位示意图、监测结果公开时限等。

自行监测方案及其调整、变化情况应及时向社会公开，并报地市级环境保护主管部门备案，其中装机总容量 30 万 kW 以上火电厂向省级环境保护主管部门备案。

第五条　企业自行监测内容应当包括：

（一）水污染物排放监测；

（二）大气污染物排放监测；

（三）厂界噪声监测；

（四）环境影响评价报告书（表）及其批复有要求的，开展周边环境质量监测。

第六条　企业应当按照环境保护主管部门的要求，加强对其排放的特征污染物的监测。

第七条　企业应当按照环境监测管理规定和技术规范的要求，设计、建设、维护污染物排放口和监测点位，并安装统一的标识牌。

第八条　企业自行监测应当遵守国家环境监测技术规范和方法。国家环境监测技术规范和方法中未作规定的，可以采用国际标准和国外先进标准。

自行监测活动可以采用手工监测、自动监测或者手工监测与自动监测相结合的技术手段。环境保护主管部门对监测指标有自动监测要求的，企业应当安装相应的自动监测设备。

第九条　采用自动监测的，全天连续监测；采用手工监测的，应当按以下要求频次开展监测，其中，国家或地方发布的规范性文件、规划、标准中对监测指标的监测频次有明确规定的，按规定执行：

（一）化学需氧量、氨氮每日开展监测，废水中其他污染物每月至少开展一次监测；

（二）二氧化硫、氮氧化物每周至少开展一次监测，颗粒物每月至少开展一次监测，废气中其他污染物每季度至少开展一次监测；

（三）纳入年度减排计划且向水体集中直接排放污水的规模化畜禽养殖场（小

区），每月至少开展一次监测；

（四）厂界噪声每季度至少开展一次监测；

（五）企业周边环境质量监测，按照环境影响评价报告书（表）及其批复要求执行。

第十条 以手工监测方式开展自行监测的，应当具备以下条件：

（一）具有固定的工作场所和必要的工作条件；

（二）具有与监测本单位排放污染物相适应的采样、分析等专业设备、设施；

（三）具有两名以上持有省级环境保护主管部门组织培训的、与监测事项相符的培训证书的人员；

（四）具有健全的环境监测工作和质量管理制度；

（五）符合环境保护主管部门规定的其他条件。

以自动监测方式开展自行监测的，应当具备以下条件：

（一）按照环境监测技术规范和自动监控技术规范的要求安装自动监测设备，与环境保护主管部门联网，并通过环境保护主管部门验收；

（二）具有两名以上持有省级环境保护主管部门颁发的污染源自动监测数据有效性审核培训证书的人员，对自动监测设备进行日常运行维护；

（三）具有健全的自动监测设备运行管理工作和质量管理制度；

（四）符合环境保护主管部门规定的其他条件。

第十一条 企业自行监测采用委托监测的，应当委托经省级环境保护主管部门认定的社会检测机构或环境保护主管部门所属环境监测机构进行监测。

承担监督性监测任务的环境保护主管部门所属环境监测机构不得承担所监督企业的自行监测委托业务。

第十二条 自行监测记录包含监测各环节的原始记录、委托监测相关记录、自动监测设备运维记录，各类原始记录内容应完整并有相关人员签字，保存三年。

第十三条 企业应当定期参加环境监测管理和相关技术业务培训。

第十四条 企业自行监测应当遵守国务院环境保护主管部门颁布的环境监测

质量管理规定，确保监测数据科学、准确。

第十五条　企业应当使用自行监测数据，按照国务院环境保护主管部门有关规定计算污染物排放量，在每月初的 7 个工作日内向环境保护主管部门报告上月主要污染物排放量，并提供有关资料。

第十六条　企业自行监测发现污染物排放超标的，应当及时采取防止或减轻污染的措施，分析原因，并向负责备案的环境保护主管部门报告。

第十七条　企业应于每年 1 月底前编制完成上年度自行监测开展情况年度报告，并向负责备案的环境保护主管部门报送。年度报告应包含以下内容：

（一）监测方案的调整变化情况；

（二）全年生产天数、监测天数，各监测点、各监测指标全年监测次数、达标次数、超标情况；

（三）全年废水、废气污染物排放量；

（四）固体废弃物的类型、产生数量，处置方式、数量以及去向；

（五）按要求开展的周边环境质量影响状况监测结果。

第三章　信息公开

第十八条　企业应将自行监测工作开展情况及监测结果向社会公众公开，公开内容应包括：

（一）基础信息：企业名称、法人代表、所属行业、地理位置、生产周期、联系方式、委托监测机构名称等；

（二）自行监测方案；

（三）自行监测结果：全部监测点位、监测时间、污染物种类及浓度、标准限值、达标情况、超标倍数、污染物排放方式及排放去向；

（四）未开展自行监测的原因；

（五）污染源监测年度报告。

第十九条　企业可通过对外网站、报纸、广播、电视等便于公众知晓的方式公开自行监测信息。同时，应当在省级或地市级环境保护主管部门统一组织建立的公布平台上公开自行监测信息，并至少保存一年。

第二十条　企业自行监测信息按以下要求的时限公开：

（一）企业基础信息应随监测数据一并公布，基础信息、自行监测方案如有调整变化时，应于变更后的五日内公布最新内容；

（二）手工监测数据应于每次监测完成后的次日公布；

（三）自动监测数据应实时公布监测结果，其中废水自动监测设备为每 2 小时均值，废气自动监测设备为每 1 小时均值；

（四）每年 1 月底前公布上年度自行监测年度报告。

第四章　监督与管理

第二十一条　负责备案的环境保护主管部门应当对企业自行监测方案内容和自行监测工作开展情况进行监督检查。对不符合环境监测管理规定和技术规范的自行监测行为，应要求企业及时整改，并将整改结果报环境保护主管部门。

第二十二条　公民、法人和其他组织可以对企业不依法履行自行监测和信息公开的行为进行举报，收到举报的环保部门应当进行调查，督促企业依法履行自行监测和信息公开义务。

第二十三条　企业拒不开展自行监测、不发布自行监测信息、自行监测报告和信息公开过程中有弄虚作假行为，或者开展相关工作存在问题且整改不到位的，环境保护主管部门可视情况采取以下环境管理措施，并按照相关法律规定进行处罚：

（一）向社会公布；

（二）不予环保上市核查；

（三）暂停各类环保专项资金补助；

（四）建议金融、保险不予信贷支持或者提高环境污染责任保险费率；

（五）建议取消其政府采购资格；

（六）暂停其建设项目环境影响评价文件审批；

（七）暂停发放排污许可证。

第五章　附　则

第二十四条　本办法由国务院环境保护主管部门负责解释。

第二十五条　本办法自 2014 年 1 月 1 日起执行。

附录 4

国务院办公厅关于印发

控制污染物排放许可制实施方案的通知

国办发〔2016〕81号

各省、自治区、直辖市人民政府，国务院各部委、各直属机构：

《控制污染物排放许可制实施方案》已经国务院同意，现印发给你们，请认真贯彻执行。

国务院办公厅

2016年11月10日

控制污染物排放许可制实施方案

控制污染物排放许可制（以下简称排污许可制）是依法规范企事业单位排污行为的基础性环境管理制度，环境保护部门通过对企事业单位发放排污许可证并依证监管实施排污许可制。近年来，各地积极探索排污许可制，取得初步成效。但总体看，排污许可制定位不明确、企事业单位治污责任不落实，环境保护部门依证监管不到位，使得管理制度效能难以充分发挥。为进一步推动环境治理基础制度改革，改善环境质量，根据《中华人民共和国环境保护法》和《生态文明体制改革总体方案》等，制定本方案。

一、总体要求

（一）指导思想。全面贯彻落实党的十八大和十八届三中、四中、五中、六中全会精神，深入学习贯彻习近平总书记系列重要讲话精神，紧紧围绕统筹推进"五位一体"总体布局和协调推进"四个全面"战略布局，牢固树立创新、协调、绿色、开放、共享的发展理念，认真落实党中央、国务院决策部署，加大生态文明建设和环境保护力度，将排污许可制建设成为固定污染源环境管理的核心制度，作为企业守法、部门执法、社会监督的依据，为提高环境管理效能和改善环境质量奠定坚实基础。

（二）基本原则。精简高效，衔接顺畅。排污许可制衔接环境影响评价管理制度，融合总量控制制度，为排污收费、环境统计、排污权交易等工作提供统一的污染物排放数据，减少重复申报，减轻企事业单位负担，提高管理效能。

公平公正，一企一证。企事业单位持证排污，按照所在地改善环境质量和保障环境安全的要求承担相应的污染治理责任，多排放多担责、少排放可获益。向企事业单位核发排污许可证，作为生产运营期排污行为的唯一行政许可，并明确其排污行为依法应当遵守的环境管理要求和承担的法律责任义务。

权责清晰，强化监管。排污许可证是企事业单位在生产运营期接受环境监管和环境保护部门实施监管的主要法律文书。企事业单位依法申领排污许可证，按证排污，自证守法。环境保护部门基于企事业单位守法承诺，依法发放排污许可证，依证强化事中事后监管，对违法排污行为实施严厉打击。

公开透明，社会共治。排污许可证申领、核发、监管流程全过程公开，企事业单位污染物排放和环境保护部门监管执法信息及时公开，为推动企业守法、部门联动、社会监督创造条件。

（三）目标任务。到 2020 年，完成覆盖所有固定污染源的排污许可证核发工作，全国排污许可证管理信息平台有效运转，各项环境管理制度精简合理、有机衔接，企事业单位环保主体责任得到落实，基本建立法规体系完备、技术体系科学、管理体系高效的排污许可制，对固定污染源实施全过程管理和多污染物协同控制，实现系统化、科学化、法治化、精细化、信息化的"一证式"管理。

二、衔接整合相关环境管理制度

（四）建立健全企事业单位污染物排放总量控制制度。改变单纯以行政区域为单元分解污染物排放总量指标的方式和总量减排核算考核办法，通过实施排污许可制，落实企事业单位污染物排放总量控制要求，逐步实现由行政区域污染物排放总量控制向企事业单位污染物排放总量控制转变，控制的范围逐渐统一到固定污染源。环境质量不达标地区，要通过提高排放标准或加严许可排放量等措施，对企事业单位实施更为严格的污染物排放总量控制，推动改善环境质量。

（五）有机衔接环境影响评价制度。环境影响评价制度是建设项目的环境准入门槛，排污许可制是企事业单位生产运营期排污的法律依据，必须做好充分衔接，实现从污染预防到污染治理和排放控制的全过程监管。新建项目必须在发生实际排污行为之前申领排污许可证，环境影响评价文件及其批复中与污染物排放相关的主要内容应当纳入排污许可证，其排污许可证执行情况应作为环境影响后评价的重要依据。

三、规范有序发放排污许可证

（六）制定排污许可管理名录。环境保护部依法制定并公布排污许可分类管理名录，考虑企事业单位及其他生产经营者，确定实行排污许可管理的行业类别。对不同行业或同一行业内的不同类型企事业单位，按照污染物产生量、排放量以及环境危害程度等因素进行分类管理，对环境影响较小、环境危害程度较低的行业或企事业单位，简化排污许可内容和相应的自行监测、台账管理等要求。

（七）规范排污许可证核发。由县级以上地方政府环境保护部门负责排污许可证核发，地方性法规另有规定的从其规定。企事业单位应按相关法规标准和技术规定提交申请材料，申报污染物排放种类、排放浓度等，测算并申报污染物排放量。环境保护部门对符合要求的企事业单位应及时核发排污许可证，对存在疑问的开展现场核查。首次发放的排污许可证有效期三年，延续换发的排污许可证有效期五年。上级环境保护部门要加强监督抽查，有权依法撤销下级环境保护部门作出的核发排污许可证的决定。环境保护部统一制定排污许可证申领核发程序、排污许可证样式、信息编码和平台接口标准、相关数据格式要求等。各地区现有排污许可证及其管理要按国家统一要求及时进行规范。

（八）合理确定许可内容。排污许可证中明确许可排放的污染物种类、浓度、排放量、排放去向等事项，载明污染治理设施、环境管理要求等相关内容。根据污染物排放标准、总量控制指标、环境影响评价文件及其批复要求等，依法合理确定许可排放的污染物种类、浓度及排放量。按照《国务院办公厅关于加强环境监管执法的通知》（国办发〔2014〕56号）要求，经地方政府依法处理、整顿规范并符合要求的项目，纳入排污许可管理范围。地方政府制定的环境质量限期达标规划、重污染天气应对措施中对企事业单位有更加严格的排放控制要求的，应当在排污许可证中予以明确。

（九）分步实现排污许可全覆盖。排污许可证管理内容主要包括大气污染物、水污染物，并依法逐步纳入其他污染物。按行业分步实现对固定污染源的全覆盖，率先对火电、造纸行业企业核发排污许可证，2017年完成《大气污染防治行动计划》和《水污染防治行动计划》重点行业及产能过剩行业企业排污许可证核发，2020年全国基本完成排污许可证核发。

四、严格落实企事业单位环境保护责任

（十）落实按证排污责任。纳入排污许可管理的所有企事业单位必须按期持证排污、按证排污，不得无证排污。企事业单位应及时申领排污许可证，对申请材料的真实性、准确性和完整性承担法律责任，承诺按照排污许可证的规定排污并严格执行；落实污染物排放控制措施和其他各项环境管理要求，确保污染物排放种类、浓度和排放量等达到许可要求；明确单位负责人和相关人员环境保护责任，

不断提高污染治理和环境管理水平，自觉接受监督检查。

（十一）实行自行监测和定期报告。企事业单位应依法开展自行监测，安装或使用监测设备应符合国家有关环境监测、计量认证规定和技术规范，保障数据合法有效，保证设备正常运行，妥善保存原始记录，建立准确完整的环境管理台账，安装在线监测设备的应与环境保护部门联网。企事业单位应如实向环境保护部门报告排污许可证执行情况，依法向社会公开污染物排放数据并对数据真实性负责。排放情况与排污许可证要求不符的，应及时向环境保护部门报告。

五、加强监督管理

（十二）依证严格开展监管执法。依证监管是排污许可制实施的关键，重点检查许可事项和管理要求的落实情况，通过执法监测、核查台账等手段，核实排放数据和报告的真实性，判定是否达标排放，核定排放量。企事业单位在线监测数据可以作为环境保护部门监管执法的依据。按照"谁核发、谁监管"的原则定期开展监管执法，首次核发排污许可证后，应及时开展检查；对有违规记录的，应提高检查频次；对污染严重的产能过剩行业企业加大执法频次与处罚力度，推动去产能工作。现场检查的时间、内容、结果以及处罚决定应记入排污许可证管理信息平台。

（十三）严厉查处违法排污行为。根据违法情节轻重，依法采取按日连续处罚、限制生产、停产整治、停业、关闭等措施，严厉处罚无证和不按证排污行为，对构成犯罪的，依法追究刑事责任。环境保护部门检查发现实际情况与环境管理台账、排污许可证执行报告等不一致的，可以责令作出说明，对未能说明且无法提供自行监测原始记录的，依法予以处罚。

（十四）综合运用市场机制政策。对自愿实施严于许可排放浓度和排放量且在排污许可证中载明的企事业单位，加大电价等价格激励措施力度，符合条件的可以享受相关环保、资源综合利用等方面的优惠政策。与拟开征的环境保护税有机衔接，交换共享企事业单位实际排放数据与纳税申报数据，引导企事业单位按证排污并诚信纳税。排污许可证是排污权的确认凭证、排污交易的管理载体，企事业单位在履行法定义务的基础上，通过淘汰落后和过剩产能、清洁生产、污染治理、技术改造升级等产生的污染物排放削减量，可按规定在市场交易。

六、强化信息公开和社会监督

（十五）提高管理信息化水平。2017 年建成全国排污许可证管理信息平台，将排污许可证申领、核发、监管执法等工作流程及信息纳入平台，各地现有的排污许可证管理信息平台逐步接入。在统一社会信用代码基础上适当扩充，制定全国统一的排污许可证编码。通过排污许可证管理信息平台统一收集、存储、管理排污许可证信息，实现各级联网、数据集成、信息共享。形成的实际排放数据作为环境保护部门排污收费、环境统计、污染源排放清单等各项固定污染源环境管理的数据来源。

（十六）加大信息公开力度。在全国排污许可证管理信息平台上及时公开企事业单位自行监测数据和环境保护部门监管执法信息，公布不按证排污的企事业单位名单，纳入企业环境行为信用评价，并通过企业信用信息公示系统进行公示。与环保举报平台共享污染源信息，鼓励公众举报无证和不按证排污行为。依法推进环境公益诉讼，加强社会监督。

七、做好排污许可制实施保障

（十七）加强组织领导。各地区要高度重视排污许可制实施工作，统一思想，提高认识，明确目标任务，制订实施计划，确保按时限完成排污许可证核发工作。要做好排污许可制推进期间各项环境管理制度的衔接，避免出现管理"真空"。环境保护部要加强对全国排污许可制实施工作的指导，制定相关管理办法，总结推广经验，跟踪评估实施情况。将排污许可制落实情况纳入环境保护督察工作，对落实不力的进行问责。

（十八）完善法律法规。加快修订建设项目环境保护管理条例，制定排污许可管理条例。配合修订水污染防治法，研究建立企事业单位守法排污的自我举证、加严对无证或不按证排污连续违法行为的处罚规定。推动修订固体废物污染环境防治法、环境噪声污染防治法，探索将有关污染物纳入排污许可证管理。

（十九）健全技术支撑体系。梳理和评估现有污染物排放标准，并适时修订。建立健全基于排放标准的可行技术体系，推动企事业单位污染防治措施升级改造和技术进步。完善排污许可证执行和监管执法技术体系，指导企事业单位自行监测、台账记录、执行报告、信息公开等工作，规范环境保护部门台账核查、现场执法等行为。培育和规范咨询与监测服务市场，促进人才队伍建设。

（二十）开展宣传培训。加大对排污许可制的宣传力度，做好制度解读，及时回应社会关切。组织各级环境保护部门、企事业单位、咨询与监测机构开展专业培训。强化地方政府环境保护主体责任，树立企事业单位持证排污意识，有序引导社会公众更好地参与监督企事业单位排污行为，形成政府综合管控、企业依证守法、社会共同监督的良好氛围。

附录 5

污染源监测相关管理文件目录

一、法律法规

1. 中华人民共和国环境保护法（2014 年 4 月 24 日）

2. 中华人民共和国环境保护税法（2016 年 12 月 25 日）

3. 中华人民共和国海洋环境保护法（摘录）（2016 年 11 月 7 日）

4. 中华人民共和国水污染防治法（2017 年 6 月 27 日）

5. 中华人民共和国大气污染防治法（2015 年 8 月 29 日）

6. 中华人民共和国环境噪声污染防治法（摘录）（1996 年 10 月 29 日）

7. 中华人民共和国固体废物污染环境防治法（摘录）（2016 年 11 月 7 日）

8. 中华人民共和国环境影响评价法（摘录）（2016 年 7 月 2 日）

9. 中华人民共和国突发事件应对法（摘录）（2017 年 8 月 30 日）

10. 全国污染源普查条例（2007 年 10 月 9 日）

11. 中华人民共和国政府信息公开条例（2008 年 5 月 1 日）

12. 防治船舶污染海洋环境管理条例（摘录）（2009 年 9 月 9 日）

13. 城镇排水与污水处理条例（摘录）（2013 年 10 月 2 日）

14. 畜禽规模养殖污染防治条例（摘录）（2013 年 11 月 11 日）

15. 企业信息公示暂行条例（摘录）（2014 年 8 月 7 日）

16. 建设项目环境保护管理条例（2017 年 7 月 16 日）

17. 中华人民共和国环境保护税法实施条例（2018 年 1 月 1 日）

18. 最高人民法院　最高人民检察院关于办理环境污染刑事案件适用法律若干问题的解释（2016 年 12 月 8 日）

二、重要文件

1. 国务院办公厅关于印发生态环境监测网络建设方案的通知（国办发〔2015〕56 号）

2. 中共中央办公厅　国务院办公厅印发关于省以下环保机构监测监察执法垂直管理制度改革试点工作的指导意见（中办发〔2016〕63 号）

3. 中共中央办公厅　国务院办公厅印发关于深化环境监测改革　提高环境监测数据质量的意见（厅字〔2017〕35 号）

4. 国务院关于印发大气污染防治行动计划的通知（国发〔2013〕37 号）

5. 国务院关于印发水污染防治行动计划的通知（国发〔2015〕17 号）

6. 国务院关于印发土壤污染防治行动计划的通知（国发〔2016〕31 号）

7. 财政部　环保部印发关于支持环境监测体制改革的实施意见（财建〔2015〕985 号）

8. 国务院办公厅关于印发国家突发环境事件应急预案的通知（国办函〔2014〕119 号）

9. 国务院关于开展第二次全国污染源普查的通知（国发〔2016〕59 号）

10. 国务院关于印发"十三五"生态环境保护规划的通知（国发〔2016〕65 号）

11. 国务院关于印发"十三五"节能减排综合工作方案的通知（国发〔2016〕74 号）

12. 国务院办公厅关于印发控制污染物排放许可制实施方案的通知（国办发〔2016〕81 号）

三、管理制度

（一）监测管理制度相关规定

1. 环境监测管理办法（环保总局令　第 39 号）

2．突发环境事件应急管理办法（环境保护部令　第 34 号）

3．固定污染源排污许可分类管理名录（2017 年版）（环境保护部令　第 45 号）

4．关于加强污染源监督性监测数据在环境执法中应用的通知（环办〔2011〕123 号）

5．关于加强化工企业等重点排污单位特征污染物监测工作的通知（环办监测函〔2016〕1686 号）

6．关于印发《重点排污单位名录管理规定（试行）》的通知（环办监测〔2017〕86 号）

（二）环境执法制度相关规定

1．污染源自动监控设施现场监督检查办法（环境保护部令　第 19 号）

2．环境保护主管部门实施按日连续处罚办法（环境保护部令　第 28 号）

3．环境保护主管部门实施查封、扣押办法（环境保护部令　第 29 号）

4．环境保护主管部门实施限制生产、停产整治办法（环境保护部令　第 30 号）

5．排污口规范化整治技术要求（试行）（环监〔1996〕470 号）

6．关于实施工业污染源全面达标排放计划的通知（环环监〔2016〕172 号）

7．关于印发《环境保护行政执法与刑事司法衔接工作办法》的通知（环环监〔2017〕17 号）

（三）信息公开制度相关规定

1．突发环境事件信息报告办法（环境保护部令　第 17 号）

2．企业事业单位环境信息公开办法（环境保护部令　第 31 号）

3．环境保护公众参与办法（环境保护部令　第 35 号）

4．关于印发《国家重点监控企业自行监测及信息公开办法（试行）》和《国家重点监控企业污染源监督性监测及信息公开办法（试行）》的通知（环发〔2013〕81 号）

5．关于加强污染源环境监管信息公开工作的通知（环发〔2013〕74 号）

附录 6

排放标准目录

附录 6-1　我国废水污染物排放标准列表

序号	排放标准名称及编号	状态
1	石油炼制工业污染物排放标准（GB 31570—2015）	现行
2	再生铜、铝、铅、锌工业污染物排放标准（GB 31574—2015）	现行
3	合成树脂工业污染物排放标准（GB 31572—2015）	现行
4	无机化学工业污染物排放标准（GB 31573—2015）	现行
5	石油化学工业污染物排放标准（GB 31571—2015）	现行
6	电池工业污染物排放标准（GB 30484—2013）	现行
7	制革及毛皮加工工业水污染物排放标准（GB 30486—2013）	现行
8	合成氨工业水污染物排放标准（GB 13458—2013 代替 GB 13458—2001）	现行
9	柠檬酸工业水污染物排放标准（GB 19430—2013 代替 GB 19430—2004）	现行
10	麻纺工业水污染物排放标准（GB 28938—2012）	现行
11	毛纺工业水污染物排放标准（GB 28937—2012）	现行
12	缫丝工业水污染物排放标准（GB 28936—2012）	现行
13	纺织染整工业水污染物排放标准（GB 4287—2012 代替 GB 4287—92）	现行
14	炼焦化学工业污染物排放标准（GB 16171—2012 代替 GB 16171—1996）	现行
15	铁合金工业污染物排放标准（GB 28666—2012）	现行
16	钢铁工业水污染物排放标准（GB 13456—2012 代替 GB 13456—1992）	现行
17	铁矿采选工业污染物排放标准（GB 28661—2012）	现行
18	橡胶制品工业污染物排放标准（GB 27632—2011）	现行
19	发酵酒精和白酒工业水污染物排放标准（GB 27631—2011）	现行
20	汽车维修业水污染物排放标准（GB 26877—2011）	现行
21	弹药装药行业水污染物排放标准（GB 14470.3—2011 代替 GB 14470.3—2002）	现行
22	钒工业污染物排放标准（GB 26452—2011）	现行
23	磷肥工业水污染物排放标准（GB 15580—2011 代替 GB 15580—95）	现行

序号	排放标准名称及编号	状态
24	硫酸工业污染物排放标准（GB 26132—2010）	现行
25	稀土工业污染物排放标准（GB 26451—2011）	现行
26	硝酸工业污染物排放标准（GB 26131—2010）	现行
27	镁、钛工业污染物排放标准（GB 25468—2010）	现行
28	铜、镍、钴工业污染物排放标准（GB 25467—2010）	现行
29	铅、锌工业污染物排放标准（GB 25466—2010）	现行
30	铝工业污染物排放标准（GB 25465—2010）	现行
31	陶瓷工业污染物排放标准（GB 25464—2010）	现行
32	油墨工业水污染物排放标准（GB 25463—2010）	现行
33	酵母工业水污染物排放标准（GB 25462—2010）	现行
34	淀粉工业水污染物排放标准（GB 25461—2010）	现行
35	制糖工业水污染物排放标准（GB 21909—2008）	修订中
36	混装制剂类制药工业水污染物排放标准（GB 21908—2008）	现行
37	生物工程类制药工业水污染物排放标准（GB 21907—2008）	现行
38	中药类制药工业水污染物排放标准（GB 21906—2008）	现行
39	提取类制药工业水污染物排放标准（GB 21905—2008）	现行
40	化学合成类制药工业水污染物排放标准（GB 21904—2008）	现行
41	发酵类制药工业水污染物排放标准（GB 21903—2008）	现行
42	合成革与人造革工业污染物排放标准（GB 21902—2008）	现行
43	电镀污染物排放标准（GB 21900—2008）	现行
44	羽绒工业水污染物排放标准（GB 21901—2008）	现行
45	制浆造纸工业水污染物排放标准（GB 3544—2008 代替 GB 3544—2001）	现行
46	杂环类农药工业水污染物排放标准（GB 21523—2008）	现行
47	煤炭工业污染物排放标准（GB 20426—2006 部分代替 GB 8978—1996、GB 16297—1996）	现行
48	皂素工业水污染物排放标准（GB 20425—2006 部分代替 GB 8978—1996）	现行
49	医疗机构水污染物排放标准（GB 18466—2005）	现行
50	啤酒工业污染物排放标准（GB 19821—2005）	现行
51	味精工业污染物排放标准（GB 19431—2004）	现行
52	兵器工业水污染物排放标准　弹药装药（GB 14470.3—2002）	现行
53	兵器工业水污染物排放标准　火炸药（GB 14470.1—2002）	现行

序号	排放标准名称及编号	状态
54	兵器工业水污染物排放标准　火工药剂（GB 14470.2—2002）	现行
55	城镇污水处理厂污染物排放标准（GB 18918—2002）	现行
56	畜禽养殖业污染物排放标准（GB 18596—2001）	现行
57	污水海洋处置工程污染控制标准（GB 18486—2001）	现行
58	污水综合排放标准（GB 8978—1996 代替 GB 8978—88）	现行
59	烧碱、聚氯乙烯工业水污染物排放标准（GB 15581—2016）	现行
60	航天推进剂水污染物排放与分析方法标准（GB 14374—93）	现行
61	肉类加工工业水污染物排放标准（GB 13457—92）	现行
62	纺织染整工业水污染物排放标准（GB 4287—2012）	现行
63	海洋石油开发工业含油污水排放标准（GB 4914—85）	现行
64	船舶工业污染物排放标准（GB 4286—84）	现行
65	船舶污染物排放标准（GB 3552—83）	修订中

附录 6-2　我国废气污染物排放标准列表

序号	排放标准名称及编号	状态
1	烧碱、聚氯乙烯工业污染物排放标准（GB 15581—2016 代替 GB 15581—95）	现行
2	无机化学工业污染物排放标准（GB 31573—2015）	现行
3	石油化学工业污染物排放标准（GB 31571—2015）	现行
4	石油炼制工业污染物排放标准（GB 31570—2015）	现行
5	火葬场大气污染物排放标准（GB 13801—2015）	现行
6	再生铜、铝、铅、锌工业污染物排放标准（GB 31574—2015）	现行
7	合成树脂工业污染物排放标准（GB 31572—2015）	现行
8	锅炉大气污染物排放标准（GB 13271—2014）	现行
9	锡、锑、汞工业污染物排放标准（GB 30770—2014）	现行
10	电池工业污染物排放标准（GB 30484—2013）	现行
11	水泥工业大气污染物排放标准（GB 4915—2013 代替 GB 4915—2004）	现行
12	砖瓦工业大气污染物排放标准（GB 29620—2013）	现行
13	电子玻璃工业大气污染物排放标准（GB 29495—2013）	现行
14	炼焦化学工业污染物排放标准（GB 16171—2012 代替 GB 16171—1996）	现行
15	铁合金工业污染物排放标准（GB 28666—2012）	现行
16	铁矿采选工业污染物排放标准（GB 28661—2012）	现行
17	轧钢工业大气污染物排放标准（GB 28665—2012）	现行
18	炼钢工业大气污染物排放标准（GB 28664—2012）	现行
19	炼铁工业大气污染物排放标准（GB 28663—2012）	现行
20	钢铁烧结、球团工业大气污染物排放标准（GB 28662—2012）	现行
21	橡胶制品工业污染物排放标准（GB 27632—2011）	现行
22	火电厂大气污染物排放标准（GB 13223—2011 代替 GB 13223—2003）	现行
23	平板玻璃工业大气污染物排放标准（GB 26453—2011）	现行
24	钒工业污染物排放标准（GB 26452—2011）	现行
25	硫酸工业污染物排放标准（GB 26132—2010）	现行
26	稀土工业污染物排放标准（GB 26451—2011）	现行
27	硝酸工业污染物排放标准（GB 26131—2010）	现行
28	镁、钛工业污染物排放标准（GB 25468—2010）	现行
29	铜、镍、钴工业污染物排放标准（GB 25467—2010）	现行
30	铅、锌工业污染物排放标准（GB 25466—2010）	现行
31	铝工业污染物排放标准（GB 25465—2010）	现行
32	陶瓷工业污染物排放标准（GB 25464—2010）	现行
33	合成革与人造革工业污染物排放标准（GB 21902—2008）	现行

序号	排放标准名称及编号	状态
34	电镀污染物排放标准（GB 21900—2008）	现行
35	煤层气（煤矿瓦斯）排放标准（暂行）（GB 21522—2008）	暂行
36	加油站大气污染物排放标准（GB 20952—2007）	现行
37	储油库大气污染物排放标准（GB 20950—2007）	现行
38	煤炭工业污染物排放标准（GB 20426—2006 部分代替 GB 8978—1996、GB 16297—1996）	现行
39	饮食业油烟排放标准（试行）（GB 18483—2001 代替 GWPB 5—2000）	现行
40	大气污染物综合排放标准（GB 16297—1996）	现行
41	工业炉窑大气污染物排放标准（GB 9078—1996）	现行
42	恶臭污染物排放标准（GB 14554—93）	现行

附录 7

技术规范目录

我国现行与固定污染源排放监测相关的技术规范

分类	标准号	标准名称	标准内容	标准适用范围
废气监测技术规范类	GB/T 16157	固定污染源排气中颗粒物测定与气态污染物采样方法	本标准规定了在烟道、烟囱及排气筒（简称烟道）等固定污染源排气中颗粒物的测定方法和气态污染物的采样方法	本标准适用于各种锅炉、工业炉窑及其他固定污染源排气中颗粒物的测定和气态污染物的采样
	HJ/T 55	大气污染物无组织排放监测技术导则	本标准对大气污染物无组织排放监控点设置方法、监测气象条件的判定和选择、监测结果的计算等作出规定和指导，是 GB 16297—1996《大气污染物综合排放标准》附录 C 的补充和具体化	本标准适用于环境监测部门为实施 GB 16297—1996 附录 C，对大气污染物无组织排放进行的监测，也适用于各污染源单位为实行自我管理而进行的同类监测 本标准为技术指导性文件，环境监测部门应按照 GB 16297—1996 附录 C 的规定和原则要求，参照具体情况和需要，执行标准相应的规定和要求。工业炉窑、炼焦炉、水泥厂的大气污染物无组织排放监测点设置，仍按其相应大气污染物排放标准 GB 9078—1996；GB 16171—1996、GB 4915—1996 中的有关规定执行，其余有关问题参照本标准的规定执行
	HJ 75	固定污染源烟气（SO_2、NO_x、颗粒物）排放连续监测技术规范	本标准规定了固定污染源烟气排放连续监测系统（Continuous Emissions Monitoring Systems, CEMS）中的颗粒物 CEMS、气态污染物（含 SO_2、NO_x 等）CEMS 和有关排气参数（含氧量等）连续监测系统	本标准适用于以固体、液体为燃料或原料的火电锅炉、工业/民用锅炉以及工业炉窑等固定污染源的烟气 CEMS。生活垃圾焚烧炉、危险废物焚烧炉及以气体为燃料或原料的固定污染源烟气 CEMS 可参照本标准执行

分类	标准号	标准名称	标准内容	标准适用范围
废气监测技术规范类	HJ 75	固定污染源烟气（SO₂、NOₓ、颗粒物）排放连续监测技术规范	（Continuous Monitoring Systems, CES）的主要技术指标、检测项目、安装位置、调试检测方法、验收方法、日常运行管理、日常运行质量保证、数据审核和上报数据的格式	本标准适用于以固体、液体为燃料或原料的火电锅炉、工业/民用锅炉以及工业炉窑等固定污染源的烟气（SO₂、NOₓ、颗粒物）排放连续监测系统。生活垃圾焚烧炉、危险废物焚烧炉及以气体为燃料或原料的固定污染源烟气（SO₂、NOₓ、颗粒物）排放连续监测系统可参照本标准执行
	HJ 76	固定污染源烟气（SO₂、NOₓ、颗粒物）排放连续监测系统技术要求及检测方法	本标准规定了 CEMS 的主要技术指标、检测项目、检测方法和检测时的质量保证措施	本标准适用于监测固定污染源烟气参数，烟气中颗粒物、二氧化硫、氮氧化物浓度和排放总量的 CEMS
	HJ/T 397	固定源废气监测技术规范	本标准规定了在烟道、烟囱及排气筒等固定污染源排放废气中，颗粒物与其他污染物监测的手工采样和测定技术方法，以及便携式仪器监测方法。对固定源废气监测的准备、废气排放参数的测定、排放中颗粒物和气态污染物采样与测定方法、监测的质量保证等作了相应的规定	本标准适用于各级环境监测站，工业、企业环境监测专业机构及环境科学研究部门等开展固定污染源废气污染物排放监测，建设项目竣工验收监测，污染防治设施治理效果监测，烟气连续排放监测系统验证监测，清洁生产工艺及污染防治技术研究性监测等
	HJ 733	泄漏和敞开液面排放的挥发性有机物检测技术导则	本标准规定了源自设备泄漏和敞开液面排放的挥发性有机物（VOCs）的检测技术要求。规定了对设备泄漏和敞开液面等无组织排放源的 VOCs 的检测方法、仪器设备要求、质量保证与控制等	本导则不适用直接测定泄漏和敞开液面排放源的 VOCs 质量排放速率
	HJ/T 373	固定污染源监测质量保证与质量控制技术规范（试行）	本标准规定了固定污染源废水排放、废气排放手工监测和比对监测过程中采样及测定的质量保证和质量控制的技术要求	本标准适用于固定污染源废水、废气污染物排放的环境监测工作
	HJ 905	恶臭污染环境监测技术规范	本标准规定了环境空气及各类恶臭污染源（包括水域）以不同形式排放的恶臭污染的监测技术	本标准适用于采用实验室分析方法进行环境空气、有组织排放源和无组织排放源排放的恶臭污染监测

分类	标准号	标准名称	标准内容	标准适用范围
废水监测技术规范类	HJ/T 91	地表水和污水监测技术规范	本规范规定了地表水和污水监测的布点与采样、监测项目与相应的监测分析方法、流域监测、监测数据的处理与上报、污水流量计算方法、水质监测的质量保证、资料整编等内容。本规范还规定了污染物总量控制监测、建设项目污水处理设施竣工环境保护验收监测、应急监测的基本方法	本规范适用于对江河、湖泊、水库和渠道的水质监测，包括国家直接报送监测数据的国控网站、省级（自治区、直辖市）、市（地）级、县级控制断面（或垂线）的水质监测，以及污染源排放污水的监测
	HJ/T 92	水污染物排放总量监测技术规范	本规范规定了水污染物排放总量监测方案的制定、采样点位的设置、监测采样方法、监测频次、水流量测量、监测项目与分析方法、质量保证和总量核定等的要求	本规范适用于企事业单位水污染物排放总量的监测，还适用于建设项目"三同时"竣工验收、市政污水排放口以及排污许可证制度实施过程中的水污染物排放总量监测
	HJ/T 353	水污染源在线监测系统安装技术规范（试行）	本标准规定了水污染源在线监测系统中仪器设备的主要技术指标和安装技术要求、监测站房建设的技术要求、仪器设备的调试和试运行技术要求	本标准适用于安装有水污染源的化学需氧量（COD_{Cr}）水质在线自动监测仪、总有机碳（TOC）水质自动分析仪、紫外（UV）吸收水质自动在线监测仪、氨氮水质自动分析仪、总磷水质自动分析仪、pH水质自动分析仪、温度计、流量计、水质自动采样器，数据采集传输仪的设备选型、安装、调试、试运行和监测站房的建设
	HJ/T 354	水污染源在线监测系统验收技术规范（试行）	本标准规定了水污染源在线监测系统的验收方法和验收技术要求	本标准适用于已安装有水污染源的化学需氧量（COD_{Cr}）在线自动监测仪、总有机碳（TOC）水质自动分析仪、紫外（UV）吸收水质自动在线监测仪、pH水质自动分析仪、氨氮水质自动分析仪、总磷水质自动分析仪、超声波明渠污水流量计、电磁流量计、水质自动采样器、数据采集传输仪等仪器的验收监测
	HJ/T 355	水污染源在线监测系统运行与考核技术规范（试行）	本标准规定了运行单位为保障水污染源在线监测设备稳定运行所要达到的日常维护、校验、仪器检修、质量保证与质量控制、仪器档案管理等方面的要求，并规定了运行的监督核查和技术考核的具体内容	本标准适用于水污染源在线监测系统中的化学需氧量（COD_{Cr}）水质在线自动监测仪、总有机碳（TOC）水质自动分析仪、氨氮水质自动分析仪、总磷水质自动分析仪、紫外（UV）吸收水质自动在线监测仪、pH水质自动分析仪、温度计、流量计等仪器设备运行和考核的技术要求

分类	标准号	标准名称	标准内容	标准适用范围
废水监测技术规范类	HJ/T 356	水污染源在线监测系统数据有效性判别技术规范(试行)	本标准规定了水污染源排水中化学需氧量（COD$_{Cr}$）、氨氮（NH$_3$-N）、总磷（TP）、pH、温度和流量等监测数据的质量要求，数据有效性判别方法和缺失数据的处理方法	本标准适用于水污染源排水中化学需氧量（COD$_{Cr}$）、氨氮（NH$_3$-N）、总磷（TP）、pH、温度和流量等监测数据的有效性判别
	HJ 493	水质 样品的保存和管理技术规定	本标准规定了水样从容器的准备到添加保护剂等各环节的保存措施以及样品的标签设计、运输、接收和保证样品保存质量的条款	本标准适用于天然水、生活污水及工业废水等
	HJ 494	水质 采样技术指导	本标准规定了质量保证控制、水质特征分析、底部沉积物及污泥的采样技术指导	适用于开阔河流、封闭管道、水库和湖泊、底部沉积物、地下水及污水采样。本标准是采样技术的基本原则指导，不包括详细的采样步骤
	HJ 495	水质 采样方案设计技术规定	本标准规定了采集各种水体包括废水、底部沉积物和污泥的质量控制、质量表征、采样技术要求、污染物鉴别采样方案的原则	本标准适用于各种水体包括底部沉积物和污泥的采样方案设计
环境质量监测技术规范类	HJ/T 166	土壤环境监测技术规范	本标准规定了土壤环境监测的布点采样、样品制备、分析方法、结果表征、资料统计和质量评价等技术内容	本规范适用于全国区域土壤背景、农田土壤环境、建设项目土壤环境评价、土壤污染事故等类型的监测
	HJ/T 164	地下水环境监测技术规范	本规范规定了地下水环境监测点网的布设与采样、样品管理、监测项目和监测方法、实验室分析、监测数据的处理与上报、地下水环境监测质量保证等项工作的要求	本规范适用于地下水的环境监测，包括向国家直接报送监测数据的国控监测井，省（自治区、直辖市）级、市（地）级、县级控制监测井的背景值监测和污染控制监测。本规范不适用于地下水热水、矿水、盐水和卤水
	HJ/T 194	环境空气质量手工监测技术规范	本标准规定了环境空气质量手工监测的采样频率、监测项目、采用仪器与相应的监测分析方法、监测数据的整理、监测过程中的质量保证和质量控制、监测数据处理等技术要求	本标准适用于各级环境监测站及其他环境监测机构采用手工方法对环境空气质量进行监测的活动。本标准为推荐性标准

分类	标准号	标准名称	标准内容	标准适用范围
环境质量监测技术规范类	HJ 442	近岸海域环境监测规范	本标准规定了开展近岸海域环境监测过程中的站位布设，样品采集、保存、运输，实验室分析，质量保证等各个环节以及监测方案和监测报告编制的一般要求	本标准适用于全国近岸海域的海洋水质监测、海洋沉积物质量监测、海洋生物监测、潮间带生态监测、海洋生物体污染物残留量监测等环境质量例行监测以及近岸海域环境功能区环境质量监测、海滨浴场水质监测、陆域直排海污染源环境影响监测、大型海岸工程环境影响监测和赤潮多发区环境监测等专题监测。近岸海域环境应急监测和科研监测等可参照本标准执行
	HJ/T 91	地表水和污水监测技术规范	本规范规定了地表水和污水监测的布点与采样、监测项目与相应的监测分析方法、流域监测、监测数据的处理与上报、污水流量计算方法、水质监测的质量保证、资料整编等内容。本规范还规定了污染物总量控制监测、建设项目污水处理设施竣工环境保护验收监测、应急监测的基本方法	本规范适用于对江河、湖泊、水库和渠道的水质监测，包括国家直接报送监测数据的国控网站、省级（自治区、直辖市）、市（地）级、县级控制断面（或垂线）的水质监测，以及污染源排放污水的监测
其他	GB/T 27025	检测与校准实验室能力的通用要求	本标准规定了实验室进行检测和（或）校准的能力（包括抽样能力）的通用要求。这些检测和校准包括应用标准方法、非标准方法和实验室制定的方法进行的检测和校准	本标准适用于所有从事检测和（或）校准的组织，包括诸如第一方、第二方和社会化监测机构实验室，以及将检测和（或）校准作为检查和产品认证工作一部分的实验室。本标准适用于所有实验室，不论其人员数量的多少、检测和（或）校准活动范围的大小。当实验室不从事本标准所包括的一种或多种活动，例如，抽样和新方法的设计（制定）时，可不采用本标准中相关条款的要求

附录 8

方法标准目录

附录 8-1　废水污染物监测方法标准

序号	污染物名称	分析方法	状态
1	1,1,1-三氯乙烷	顶空/气相色谱-质谱法（HJ 810—2016）	现行
2	1,1,1-三氯乙烷	吹扫捕集/气相色谱-质谱法（HJ 639—2012）	现行
3	1,1-二氯乙烯	顶空气相色谱法（HJ 620—2011）	现行
4	1,1-二氯乙烯	顶空/气相色谱-质谱法（HJ 810—2016）	现行
5	1,1-二氯乙烯	吹扫捕集/气相色谱法（HJ 686—2014）	现行
6	1,1-二氯乙烯	吹扫捕集/气相色谱-质谱法（HJ 639—2012）	现行
7	1,2-二氯苯	气相色谱法（HJ 621—2011）	现行
8	1,2-二氯苯	顶空/气相色谱-质谱法（HJ 810—2016）	现行
9	1,2-二氯苯	吹扫捕集/气相色谱-质谱法（HJ 639—2012）	现行
10	1,2-二氯乙烷	顶空气相色谱法（HJ 620—2011）	现行
11	1,2-二氯乙烷	顶空/气相色谱-质谱法（HJ 810—2016）	现行
12	1,2-二氯乙烷	吹扫捕集/气相色谱法（HJ 686—2014）	现行
13	1,2-二氯乙烷	吹扫捕集/气相色谱-质谱法（HJ 639—2012）	现行
14	1,2-二氯乙烯	顶空气相色谱法（HJ 620—2011）	现行
15	1,2-二氯乙烯	顶空/气相色谱-质谱法（HJ 810—2016）	现行
16	1,2-二氯乙烯	吹扫捕集/气相色谱-质谱法（HJ 639—2012）	现行
17	1,4-二氯苯	气相色谱法（HJ 621—2011）	现行
18	1,4-二氯苯	顶空/气相色谱-质谱法（HJ 810—2016）	现行
19	1,4-二氯苯	吹扫捕集/气相色谱-质谱法（HJ 639—2012）	现行
20	2,2′:6,2″-三联吡啶	气相色谱-质谱法（GB 21523—2008）	见《杂环类农药工业水污染物排放标准》附录 F
21	2,2′:6,2″-三联吡啶	气相色谱法（GB/T 14672—93）	现行
22	2,4,6-三氯酚	液液萃取/气相色谱法（HJ 676—2013）	现行
23	2,4-二氯酚	液液萃取/气相色谱法（HJ 676—2013）	现行
24	2,4-二硝基氯苯	液液萃取固相萃取气相色谱法（HJ 648—2013）	现行

序号	污染物名称	分析方法	状态
25	2,4-二硝基氯苯	气相色谱-质谱法（HJ 716—2014）	现行
26	2-氯-5-氯甲基吡啶	气相色谱法（GB/T 14672—93）	现行
27	pH	玻璃电极法（GB/T 6920—86）	现行
28	氨氮	蒸馏-中和滴定法（HJ 537—2009）	现行
29	氨氮	纳氏试剂分光光度法（HJ 535—2009）	现行
30	氨氮	水杨酸分光光度法（HJ 536—2009）	现行
31	氨氮	连续流动-水杨酸分光光度法（HJ 665—2013）	现行
32	氨氮	流动注射-水杨酸分光光度法（HJ 666—2013）	现行
33	氨氮	气相分子吸收光谱法（HJ/T 195—2005）	现行
34	氨氮	真空检测管-电子比色法（HJ 659—2013）	现行
35	百草枯离子	液相色谱法（GB 21523—2008）	见《杂环类农药工业水污染物排放标准》附录 E
36	苯	顶空/气相色谱-质谱法（HJ 810—2016）	现行
37	苯	气相色谱法（GB 11890—89）	现行
38	苯	吹扫捕集/气相色谱-质谱法（HJ 639—2012）	现行
39	苯	吹扫捕集/气相色谱法（HJ 686—2014）	现行
40	苯胺	真空检测管-电子比色法（HJ 659—2013）	现行
41	苯胺类	N-（1-萘基）乙二胺偶氮分光光度法（GB 11889—89）	现行
42	苯胺类	气相色谱-质谱法（HJ 822—2017）	现行
43	苯并[a]芘	乙酰化滤纸层析荧光分光光度法（GB/T 11895—89）	现行
44	苯并[a]芘	液液萃取和固相萃取高效液相色谱法（HJ 478—2009）	现行
45	苯酚	液液萃取/气相色谱法（HJ 676—2013）	现行
46	苯系物	气相色谱法（GB 11890—89）	现行
47	苯乙烯	气相色谱法（GB 11890—89）	现行
48	苯乙烯	顶空/气相色谱-质谱法（HJ 810—2016）	现行
49	苯乙烯	吹扫捕集/气相色谱-质谱法（HJ 639—2012）	现行
50	苯乙烯	吹扫捕集/气相色谱法（HJ 686—2014）	现行
51	吡虫啉	液相色谱法（GB 21523—2008）	见《杂环类农药工业水污染物排放标准》附录 A
52	吡啶	气相色谱法（GB/T 14672—93）	现行
53	丙烯腈	气相色谱法（HJ/T 73—2001）	现行

序号	污染物名称	分析方法	状态
54	丙烯腈	吹扫捕集/气相色谱法（HJ 806—2016）	现行
55	丙烯醛	吹扫捕集/气相色谱法（HJ 806—2016）	现行
56	丙烯酰胺	气相色谱法（HJ 697—2014）	现行
57	彩色显影剂	169 成色剂分光光度法（HJ 595—2010）	现行
58	彩色显影剂	169 成色剂法（GB 8978—1996）	见《污水综合排放标准》附录 D
59	大肠菌群数	生活饮用水标准检验方法（GB/T 5750.5—2006）	现行
60	大肠菌群数	纸片快速法（HJ 755—2015）	现行
61	地恩梯	气相色谱法（HJ 600—2011）	现行
62	叠氮化物	限量比色法	参见《国家排放污染物标准编制说明和分析方法（2）》，城乡建设保护部环保局标准处，1984 年
63	动植物油	红外分光光度法（HJ 637—2012）	现行
64	丁基黄原酸	吹扫捕集/气相色谱-质谱法（HJ 896—2017）	现行
65	对-二甲苯	气相色谱法（GB 11890—89）	现行
66	对-二甲苯	顶空/气相色谱-质谱法（HJ 810—2016）	现行
67	对-二甲苯	吹扫捕集/气相色谱法（HJ 686—2014）	现行
68	对-二甲苯	吹扫捕集/气相色谱-质谱法（HJ 639—2012）	现行
69	对-二氯苯	气相色谱法（HJ 621—2011）	现行
70	对-二氯苯	顶空/气相色谱-质谱法（HJ 810—2016）	现行
71	对-二氯苯	吹扫捕集/气相色谱-质谱法（HJ 639—2012）	现行
72	对硫磷	气相色谱法（GB 13192—91）	现行
73	对氯苯酚	液相色谱法（GB 21523—2008）	见《杂环类农药工业水污染物排放标准》附录 H
74	对氯苯酚	气相色谱-质谱法（HJ 744—2015）	现行
75	对-硝基氯苯	液液萃取/固相萃取气相色谱法（HJ 648—2013）	现行
76	对-硝基氯苯	气相色谱-质谱法（HJ 716—2014）	现行

序号	污染物名称	分析方法	状态
77	多环芳烃	液液萃取和固相萃取高效液相色谱法（HJ 478—2009）	现行
78	多菌灵	气相色谱法（GB 21523—2008）	见《杂环类农药工业水污染物排放标准》附录 D
79	多氯联苯	气相色谱-质谱法（HJ 715—2014）	现行
80	二噁英类	同位素稀释高分辨气相色谱-高分辨质谱法（HJ 77.1—2008）	现行
81	二甲苯	气相色谱法（GB 11890—89）	现行
82	二甲苯	顶空/气相色谱-质谱法（HJ 810—2016）	现行
83	二甲苯	吹扫捕集/气相色谱法（HJ 686—2014）	现行
84	二甲苯	吹扫捕集/气相色谱-质谱法（HJ 639—2012）	现行
85	二甲基甲酰胺（DMF）	工作场所空气有毒物质测定酰胺类化合物（GB Z/T 160.62—2004）	现行
86	二氯甲烷	顶空气相色谱法（HJ 620—2011）	现行
87	二氯甲烷	顶空/气相色谱-质谱法（HJ 810—2016）	现行
88	二氯甲烷	吹扫捕集/气相色谱-质谱法（HJ 639—2012）	现行
89	二氯甲烷	吹扫捕集/气相色谱法（HJ 686—2014）	现行
90	二氯一溴甲烷	顶空气相色谱法（HJ 620—2011）	现行
91	二氯一溴甲烷	顶空/气相色谱-质谱法（HJ 810—2016）	现行
92	二氯一溴甲烷	吹扫捕集/气相色谱-质谱法（HJ 639—2012）	现行
93	二硝基甲苯	示波极谱法（GB/T 13901—92）	现行
94	二氧化氯	连续滴定碘量法（HJ 551—2016）	现行
95	二乙烯三胺	水杨醛分光光度法（GB/T 14378—93）	现行
96	粪大肠菌群数	多管发酵和滤膜法（试行）（HJ/T 347—2007）	现行
97	粪大肠菌群数	纸片快速法（HJ 755—2005）	现行
98	氟虫腈	气相色谱法	见《杂环类农药工业水污染物排放标准》附录 I
99	氟化物	离子选择电极法（GB 7484—87）	现行
100	氟化物	茜素磺酸锆目视比色法（HJ 487—2009）	现行
101	氟化物	氟试剂分光光度法（HJ 488—2009）	现行
102	氟离子	离子色谱法（HJ/T 84—2001）	现行
103	氟化物	真空检测管-电子比色法（HJ 659—2013）	现行
104	黑索今	分光光度法（GB/T 13900—92）	现行
105	黑索今	气相色谱法（HJ 600—2011）	现行

序号	污染物名称	分析方法	状态
106	化学需氧量	重铬酸盐法环境（HJ 828—2017）	现行
107	化学需氧量	快速消解分光光度法（HJ/T 399—2007）	现行
108	化学需氧量	碘化钾碱性高锰酸钾法（HJ/T 132—2003）	现行
109	化学需氧量	氯气校正法（HJ/T 70—2001）	现行
110	化学需氧量	真空检测管-电子比色法（HJ 659—2013）	现行
111	环氧氯丙烷	吹扫捕集/气相色谱-质谱法（HJ 639—2012）	现行
112	环氧氯丙烷	吹扫捕集/气相色谱法（HJ 686—2014）	现行
113	挥发酚	溴化容量法（HJ 502—2009）	现行
114	挥发酚	4-氨基安替比林分光光度法（HJ 503—2009）	现行
115	挥发酚	流动注射-4-氨基安替比林分光光度法（HJ 825—2017）	现行
116	蛔虫卵	沉淀集卵法（HJ 775—2015）	现行
117	活性氯	水质游离氯和总氯的测定 N,N-二乙基-1,4-苯二胺分光光度法（HJ 586—2010）	现行
118	活性氯	游离氯和总氯的测定 N,N-二乙基-1,4-苯二胺滴定法（HJ 585—2010）	现行
119	急性毒性	发光细菌法（GB/T 15441—1995）	现行
120	甲苯	顶空/气相色谱-质谱法（HJ 810—2016）	现行
121	甲苯	吹扫捕集/气相色谱-质谱法（HJ 639—2012）	现行
122	甲苯	吹扫捕集/气相色谱法（HJ 686—2014）	现行
123	甲苯	气相色谱法（GB 11890—89）	现行
124	甲醇	顶空/气相色谱法（HJ 895—2017）	现行
125	甲基对硫磷	气相色谱法（GB 13192—91）	现行
126	甲醛	乙酰丙酮分光光度法（HJ 601—2011）	现行
127	间-二甲苯	气相色谱法（GB 11890—89）	现行
128	间-二甲苯	顶空/气相色谱-质谱法（HJ 810—2016）	现行
129	间-二甲苯	吹扫捕集/气相色谱法（HJ 686—2014）	现行
130	间-二甲苯	吹扫捕集/气相色谱-质谱法（HJ 639—2012）	现行
131	间-甲酚	液相色谱法	暂采用《水和废水监测分析方法（第三版、第四版）》中国环境科学出版社，待国家方法标准发布后，执行国家标准
132	肼	对二甲氨基苯甲醛分光光度法（HJ 674—2013）	现行

序号	污染物名称	分析方法	状态
133	可吸附有机卤素（AOX）	微库仑法（GB/T 15959—1995）	现行
134	可吸附有机卤素（AOX）	离子色谱法（HJ/T 83—2001）	现行
135	乐果	气相色谱法（GB 13192—91）	现行
136	邻苯二胺	N-（1-萘基）乙二胺偶氮分光光度法（GB 11889—89）	现行
137	邻苯二甲酸二丁酯	液相色谱法（HJ/T 72—2001）	现行
138	邻苯二甲酸二辛酯	液相色谱法（HJ/T 72—2001）	现行
139	邻-二甲苯	气相色谱法（GB 11890—89）	现行
140	邻-二甲苯	顶空/气相色谱-质谱法（HJ 810—2016）	现行
141	邻-二甲苯	吹扫捕集/气相色谱法（HJ 686—2014）	现行
142	邻-二甲苯	吹扫捕集/气相色谱-质谱法（HJ 639—2012）	现行
143	邻-二氯苯	吹扫捕集/气相色谱-质谱法（HJ 639—2012）	现行
144	邻-二氯苯	顶空/气相色谱-质谱法（HJ 810—2016）	现行
145	邻-二氯苯	气相色谱法（HJ 621—2011）	现行
146	磷酸盐	连续流动-钼酸铵分光光度法（HJ 670—2013）	现行
147	磷酸盐	离子色谱法（HJ 669—2013）	现行
148	磷酸盐	真空检测管-电子比色法（HJ 659—2013）	现行
149	硫化物	亚甲基蓝分光光度法（GB/T 16489—1996）	现行
150	硫化物	碘量法（HJ/T 60—2000）	现行
151	硫化物	气相分子吸收光谱法（HJ/T 200—2005）	现行
152	硫化物	流动注射-亚甲基蓝分光光度法（HJ 824—2017）	现行
153	硫化物	真空检测管-电子比色法（HJ 659—2013）	现行
154	硫氰酸盐	异烟酸-吡唑啉酮分光光度法（GB/T 13897—92）	现行
155	六价铬	二苯碳酸二肼分光光度法（GB 7467—87）	现行
156	六价铬	真空检测管-电子比色法（HJ 659—2013）	现行
157	六价铬	流动注射-二苯碳酰二肼光度法（HJ 908—2017）	现行
158	六氯丁二烯	顶空气相色谱法（HJ 620—2011）	现行
159	六氯丁二烯	顶空/气相色谱-质谱法（HJ 810—2016）	现行
160	六氯丁二烯	吹扫捕集/气相色谱-质谱法（HJ 639—2012）	现行
161	六氯丁二烯	吹扫捕集/气相色谱法（HJ 686—2014）	现行
162	氯苯	气相色谱法（HJ 621—2011）	现行
163	氯苯	顶空/气相色谱-质谱法（HJ 810—2016）	现行
164	氯苯	吹扫捕集/气相色谱-质谱法（HJ 639—2012）	现行

序号	污染物名称	分析方法	状态
165	氯苯	气相色谱法（HJ/T 74—2001）	现行
166	氯丁二烯	顶空气相色谱法（HJ 620—2011）	现行
167	氯丁二烯	吹扫捕集/气相色谱-质谱法（HJ 639—2012）	现行
168	氯丁二烯	吹扫捕集/气相色谱法（HJ 686—2014）	现行
169	氯化物	硝酸银滴定法（GB 11896—89）	现行
170	氯化物	硝酸汞滴定法（HJ/T 343—2007）	现行
171	氯离子	离子色谱法（HJ/T 84—2016）	现行
172	氯乙烯	顶空/气相色谱-质谱法（HJ 810—2016）	现行
173	氯乙烯	吹扫捕集/气相色谱-质谱法（HJ 639—2012）	现行
174	马拉硫磷	气相色谱法（GB 13192—91）	现行
175	咪唑烷	气相色谱法	见《杂环类农药工业水污染物排放标准》附录 B
176	偏二甲基肼	氨基亚铁氰化钠分光光度法（GB/T 14376—93）	现行
177	氰化物	容量法和分光光度法（HJ 484—2009）	现行
178	氰化物	流动注射-分光光度法（HJ 823—2017）	现行
179	氰化物	真空检测管-电子比色法（HJ 659—2013）	现行
180	三氯苯	吹扫捕集/气相色谱-质谱法（HJ 639—2012）	现行
181	三氯苯	顶空/气相色谱-质谱法（HJ 810—2016）	现行
182	三氯甲烷	顶空气相色谱法（HJ 620—2011）	现行
183	三氯甲烷	顶空/气相色谱-质谱法（HJ 810—2016）	现行
184	三氯甲烷	吹扫捕集/气相色谱法（HJ 686—2014）	现行
185	三氯甲烷	吹扫捕集/气相色谱-质谱法（HJ 639—2012）	现行
186	三氯乙醛	吡啶啉酮分光光度法（HJ/T 50—1999）	现行
187	三氯乙烯	顶空气相色谱法（HJ 620—2011）	现行
188	三氯乙烯	顶空/气相色谱-质谱法（HJ 810—2016）	现行
189	三氯乙烯	吹扫捕集/气相色谱法（HJ 686—2014）	现行
190	三氯乙烯	吹扫捕集/气相色谱-质谱法（HJ 639—2012）	现行
191	三溴甲烷	顶空气相色谱法（HJ 620—2011）	现行
192	三溴甲烷	顶空/气相色谱-质谱法（HJ 810—2016）	现行
193	三溴甲烷	吹扫捕集/气相色谱法（HJ 686—2014）	现行
194	三溴甲烷	吹扫捕集/气相色谱-质谱法（HJ 639—2012）	现行
195	三乙胺	溴酚蓝分光光度法（GB/T 14377—93）	现行
196	三唑酮	气相色谱法	见《杂环类农药工业水污染物排放标准》附录 C

序号	污染物名称	分析方法	状态
197	色度	铂钴比色法；稀释倍数法（GB 11903—89）	现行
198	石油类	红外分光光度法（HJ 637—2012）	现行
199	四氯苯	填充柱分离	暂采用下列方法：《水和废水监测分析方法》（第四版）
200	四氯苯	气相色谱法（HJ 621—2011）	现行
201	四氯化碳	顶空气相色谱法（HJ 620—2011）	现行
202	四氯化碳	顶空/气相色谱-质谱法（HJ 810—2016）	现行
203	四氯化碳	吹扫捕集/气相色谱-质谱法（HJ 639—2012）	现行
204	四氯化碳	吹扫捕集/气相色谱（HJ 686—2014）	现行
205	四氯乙烯	顶空气相色谱法（HJ 620—2011）	现行
206	四氯乙烯	顶空/气相色谱-质谱法（HJ 810—2016）	现行
207	四氯乙烯	吹扫捕集/气相色谱-质谱法（HJ 639—2012）	现行
208	四氯乙烯	吹扫捕集/气相色谱法（HJ 686—2014）	现行
209	梯恩梯	亚硫酸钠分光光度法（HJ 598—2011）	现行
210	梯恩梯	树脂梯恩梯的测定 N-氯代十六烷基吡啶-亚硝酸钠分光光度法（HJ 599—2011）	现行
211	梯恩梯	气相色谱法（HJ 600—2011）	现行
212	铁（Ⅱ,Ⅲ）氰络合物	原子吸收分光光度法（GB/T 13898—92）	现行
213	铁（Ⅱ,Ⅲ）氰络合物	三氯化铁分光光度法（GB/T 13899—92）	现行
214	铊	水中铊的分析方法（GB/T 11224—1989）	现行
215	铊	电感耦合等离子体质谱法（HJ 700—2014）	现行
216	烷基汞	气相色谱法（GB/T 14204—93）	现行
217	五氯酚及五氯酚钠（以五氯酚计）	藏红 T 分光光度法（GB 9803—88）	现行
218	五氯酚及五氯酚钠（以五氯酚计）	气相色谱法（HJ 591—2010）	现行
219	五日生化需氧量	稀释与接种法（HJ 505—2009）	现行
220	五日生化需氧量	微生物传感器快速测定法（HJ/T 86—2002）	现行
221	显影剂及氧化物总量	碘-淀粉比色法	见《污水综合排放标准》附录 D
222	显影剂及氧化物总量	碘-淀粉分光光度法（暂行）（HJ 594—2010）	现行
223	硝化甘油	示波极谱法（GB/T 13902—92）	现行
224	硝基苯类化合物	气相色谱法（HJ 592—2010）	现行

序号	污染物名称	分析方法	状态
225	硝基苯类化合物	液液萃取/固相萃取高效液相色谱法（HJ 648—2013）	现行
226	硝基苯类化合物	气相色谱-质谱法（HJ 716—2014）	现行
227	硝基酚类	分光光度法	见《兵器工业水污染物排放标准火工药剂》附录 A
228	硝基酚类	液液萃取/气相色谱法（HJ 676—2013）	现行
229	硝基酚类	气相色谱-质谱法（HJ 744—2015）	现行
230	悬浮物	重量法（GB/T 11901—89）	现行
231	一甲基肼	对二甲氨基苯甲醛分光光度法（HJ 674—2013）	现行
232	一氯二溴甲烷	顶空气相色谱法（HJ 620—2011）	现行
233	一氯二溴甲烷	顶空/气相色谱-质谱法（HJ 810—2016）	现行
234	一氯二溴甲烷	吹扫捕集/气相色谱-质谱法（HJ 639—2012）	现行
235	乙苯	气相色谱法（GB 11890—89）	现行
236	乙苯	顶空/气相色谱-质谱法（HJ 810—2016）	现行
237	乙苯	吹扫捕集/气相色谱-质谱法（HJ 639—2012）	现行
238	乙苯	吹扫捕集/气相色谱法（HJ 686—2014）	现行
239	乙腈	直接进样/气相色谱法（HJ 789—2016）	现行
240	乙腈	吹扫捕集/气相色谱法（HJ 788—2016）	现行
241	乙腈	吹脱捕集气相色谱法	见《生物工程类制药工业水污染物排放标准》附录 A
242	异丙苯	顶空/气相色谱-质谱法（HJ 810—2016）	现行
243	异丙苯	吹扫捕集/气相色谱法（HJ 686—2014）	现行
244	异丙苯	吹扫捕集/气相色谱-质谱法（HJ 639—2012）	现行
245	异丙苯	气相色谱法（GB 11890—89）	现行
246	阴离子表面活性剂（LAS）	亚甲蓝分光光度法（GB 7494—87）	现行
247	阴离子表面活性剂（LAS）	流动注射-亚甲基蓝分光光度法（HJ 826—2017）	现行
248	铀	环境样品中微量铀的分析方法（HJ 840—2017）	现行
249	铀	电感耦合等离子体质谱法（HJ 700—2014）	现行

序号	污染物名称	分析方法	状态
250	有机磷农药（以 P 计）	气相色谱法（GB 13192—91）	现行
251	莠去津	气相色谱法	见《杂环类农药工业水污染物排放标准》附录 G
252	元素磷	磷钼蓝比色法	见《污水综合排放标准》附录 D
253	元素磷	电感耦合等离子体质谱法（HJ 700—2014）	现行
254	总α放射性	厚源法（HJ 898—2017）	现行
255	总β放射性	厚源法（HJ 899—2017）	现行
256	总钡	电位滴定法（GB/T 14671—93）	现行
257	总钡	石墨炉原子吸收分光光度法（HJ 602—2011）	现行
258	总钡	火焰原子吸收分光光度法（HJ 603—2011）	现行
259	总钡	电感耦合等离子体质谱法（HJ 700—2014）	现行
260	总氮	碱性过硫酸钾-消解紫外分光光度法（HJ 636—2012）	现行
261	总氮	连续流动-盐酸萘乙二胺分光光度法（HJ 667—2013）	现行
262	总氮	流动注射-盐酸萘乙二胺分光光度法（HJ 668—2013）	现行
263	总氮	气相分子吸收光谱法（HJ/T 199—2005）	现行
264	总钒	钽试剂萃取分光光度法（GB/T 15503—1995）	现行
265	总钒	石墨炉原子吸收分光光度法（HJ 673—2013）	现行
266	总钒	电感耦合等离子体质谱法（HJ 700—2014）	现行
267	总镉	双硫腙分光光度法（GB 7471—87）	现行
268	总镉	原子吸收分光光度法（GB 7475—87）	现行
269	总镉	电感耦合等离子体质谱法（HJ 700—2014）	现行
270	总铬	高锰酸钾氧化-二苯碳酰二肼分光光度法（GB 7466—87）	现行
271	总铬	电感耦合等离子体质谱法（HJ 700—2014）	现行
272	总铬	火焰原子吸收分光光度法（HJ 757—2015）	现行
273	总汞	高锰酸钾-过硫酸钾消解法双硫腙分光光度法；硫酸亚铁铵滴定法（GB 7469—87）	现行
274	总汞	冷原子吸收分光光度法（HJ 597—2011）	现行
275	总汞	原子荧光法（HJ 694—2014）	现行
276	总汞	冷原子荧光法（试行）（HJ/T 341—2007）	现行

序号	污染物名称	分析方法	状态
277	总汞	硼氢化钾还原冷原子吸收分光光度法（SL/T 271—2001）	现行
278	总汞	原子荧光光度法（SL 327.2—2005）	现行
279	总钴	5-氯-2-（吡啶偶氮）-1,3-二氨基苯分光光度法（暂行）（HJ 550—2015）	现行
280	总钴	电感耦合等离子体质谱法（HJ 700—2014）	现行
281	总磷（以 P 计）	钼酸铵分光光度法（GB/T 11893—89）	现行
282	总磷（以 P 计）	连续流动-钼酸铵分光光度法（HJ 670—2013）	现行
283	总磷（以 P 计）	流动注射-钼酸铵分光光度法（HJ 671—2013）	现行
284	总磷（以 P 计）	钼蓝比色法	暂采用下列方法：《水和废水监测分析方法（第三版）》。待国家方法标准发布后，执行国家标准
285	总铝	间接火焰原子吸收法	见《电镀污染物排放标准》附录 A
286	总铝	电感耦合等离子发射光谱法	见《电镀污染物排放标准》附录 B
287	总铝	电感耦合等离子体质谱法（HJ 700—2014）	现行
288	总锰	高碘酸钾分光光度法（GB 11906—89）	现行
289	总锰	火焰原子吸收分光光度法（GB 11911—89）	现行
290	总锰	电感耦合等离子体质谱法（HJ 700—2014）	现行
291	总锰	甲醛肟分光光度法（试行）（HJ/T 344—2007）	现行
292	总钼	电感耦合等离子体质谱法（HJ 700—2014）	现行
293	总钼	石墨炉原子吸收分光光度法（HJ 807—2016）	现行
294	总镍	丁二酮肟分光光度法（GB 11910—89）	现行
295	总镍	火焰原子吸收分光光度法（GB 11912—89）	现行
296	总镍	电感耦合等离子体质谱法（HJ 700—2014）	现行
297	总镍	真空检测管-电子比色法（HJ 659—2013）	现行
298	总铍	铬氰 R 分光光度法（HJ/T 58—2000）	现行
299	总铍	石墨炉原子吸收分光光度法（HJ/T 59—2000）	现行
300	总铍	电感耦合等离子体质谱法（HJ 700—2014）	现行

序号	污染物名称	分析方法	状态
301	总铅	双硫腙分光光度法（GB 7470—87）	现行
302	总铅	原子吸收分光光度法（GB 7475—87）	现行
303	总铅	示波极谱法（GB/T 13896—92）	现行
304	总铅	电感耦合等离子体质谱法（HJ 700—2014）	现行
305	总铅	原子荧光光度法（SL 327.4—2005）	现行
306	总氰化物	容量法和分光光度法（HJ 484—2009）	现行
307	总氰化物	流动注射-分光光度法（HJ 823—2017）	现行
308	总氰化物	真空检测法-电子比色法（HJ 659—2013）	现行
309	总砷	二乙基二硫代氨基甲酸银分光光度法（GB/T 7485）	现行
310	总砷	原子荧光法（HJ 694—2014）	现行
311	总砷	电感耦合等离子体质谱法（HJ 700—2014）	现行
312	总砷	原子荧光光度法（SL 327.1—2005）	现行
313	总锶	电感耦合等离子体质谱法（HJ 700—2014）	现行
314	总铊	电感耦合等离子体质谱法（HJ 700—2014）	现行
315	总锑	原子荧光法（HJ 694—2014）	现行
316	总锑	电感耦合等离子体质谱法（HJ 700—2014）	现行
317	总铁	电感耦合等离子体质谱法（HJ 700—2014）	现行
318	总铁	火焰原子吸收分光光度法（GB/T 11911—89）	现行
319	总铁	邻菲罗啉分光光度法(试行)(HJ/T 345—2007)	现行
320	总铜	原子吸收分光光度法（GB 7475—87）	现行
321	总铜	电感耦合等离子体质谱法（HJ 700—2014）	现行
322	总铜	二乙基二硫代氨基甲酸钠分光光度法（HJ 485—2009）	现行
323	总铜	2,9-二甲基-1,10-菲啰啉分光光度法（HJ 486—2009）	现行
324	总硒	2,3-二氨基萘荧光法（GB/T 11902—89）	现行
325	总硒	原子荧光法（HJ 694—2014）	现行
326	总硒	3,3′-二氨基联苯胺分光光度法（HJ 811—2016）	现行
327	总硒	石墨炉原子吸收分光光度法（GB/T 11505—1995）	现行
328	总硒	电感耦合等离子体质谱法（HJ 700—2014）	现行
329	总硒	铁（Ⅱ）-邻菲啰啉间接分光光度法（SL/T 272—2001）	现行
330	总硒	原子荧光光度法（SL 327.3—2005）	现行
331	总锡	电感耦合等离子体质谱法（HJ 700—2014）	现行

序号	污染物名称	分析方法	状态
332	总锌	双硫腙分光光度法（GB 7472—87）	现行
333	总锌	原子吸收分光光度法（GB 7475—87）	现行
334	总锌	电感耦合等离子体质谱法（HJ 700—2014）	现行
335	总银	火焰原子吸收分光光度法（GB 11907—89）	现行
336	总银	3,5-Br$_2$-PADAP 分光光度法（HJ 489—2009）	现行
337	总银	镉试剂 2B 分光光度法（HJ 490—2009）	现行
338	总银	电感耦合等离子体质谱法（HJ 700—2014）	现行
339	总有机碳	燃烧氧化-非分散红外吸收法（HJ 501—2009）	现行
340	总余氯	N,N-二乙基-1,4-苯二胺滴定法（HJ 585—2010）	现行
341	总余氯	N,N-二乙基-1,4-苯二胺分光光度法（HJ 586—2010）	现行
342	结核杆菌		见《医疗机构水污染物排放标准》附录 E
343	沙门氏菌		见《医疗机构水污染物排放标准》附录 B
344	志贺氏菌		见《医疗机构水污染物排放标准》附录 C
345	β-萘酚	列于《石油化学工业污染物排放标准》（GB 31571—2015）	尚无国家标准分析方法
346	苯甲醚	列于《石油化学工业污染物排放标准》（GB 31571—2015）	尚无国家标准分析方法
347	丙烯酸	列于《石油化学工业污染物排放标准》（GB 31571—2015）	尚无国家标准分析方法
348	二（2-乙基己基）己二酸酯	列于《石油化学工业污染物排放标准》（GB 31571—2015）	尚无国家标准分析方法
349	二氯乙酸	列于《石油化学工业污染物排放标准》（GB 31571—2015）	尚无国家标准分析方法
350	环烷酸	列于《石油化学工业污染物排放标准》（GB 31571—2015）	尚无国家标准分析方法
351	黄原酸丁酯	列于《石油化学工业污染物排放标准》（GB 31571—2015）	尚无国家标准分析方法
352	邻苯二甲酸二乙酯	列于《石油化学工业污染物排放标准》（GB 31571—2015）	尚无国家标准分析方法

序号	污染物名称	分析方法	状态
353	三氯乙酸	列于《石油化学工业污染物排放标准》（GB 31571—2015）	尚无国家标准分析方法
354	水合肼	列于《石油化学工业污染物排放标准》（GB 31571—2015）	尚无国家标准分析方法
355	戊二醛	列于《石油化学工业污染物排放标准》（GB 31571—2015）	尚无国家标准分析方法
356	乙醛	列于《石油化学工业污染物排放标准》（GB 31571—2015）	尚无国家标准分析方法
357	二溴乙烯	列于《石油化学工业污染物排放标准》（GB 31571—2015）	待发布
358	五氯丙烷	列于《石油化学工业污染物排放标准》（GB 31571—2015）	待发布
359	四乙基铅	列于《石油化学工业污染物排放标准》（GB 31571—2015）	待发布
360	双酚 A	列于《石油化学工业污染物排放标准》（GB 31571—2015）	待发布

附录 8-2　废气污染物监测方法标准

序号	监测项目	分析方法名称及编号	状态
1	2-丁酮	环境空气　挥发性有机物的测定　罐采样-气相色谱-质谱法（HJ 759）	现行
2	DMF	工作场所空气有毒物质测定　酰胺类化合物（GBZ/T 160.62—2004）	现行
3	DMF	环境空气和废气　酰胺类化合物的测定　液相色谱法（HJ 801—2016）	现行
4	VOCs	固定污染源废气　挥发性有机物的测定　固相吸附-热脱附/气相色谱-质谱法（HJ 734—2014）	现行
5	VOCs	环境空气　挥发性有机物的测定　便携式傅里叶红外仪法（HJ 919—2017）	2018.4.1开始实施
6	VOCs	环境空气　挥发性有机物的测定　吸附管采样-热脱附/气相色谱-质谱法（HJ 644—2013）	现行
7	VOCs	固定污染源废气　挥发性有机物的采样　气袋法（HJ 732—2014）	现行
8	VOCs	环境空气挥发性有机物的测定　罐采样/气相色谱-质谱法（HJ 759—2015）	现行
9	氨	环境空气　氨的测定　次氯酸钠-水杨酸分光光度法（HJ 534—2009）	现行
10	氨	环境空气和废气　氨的测定　纳氏试剂分光光度法（HJ 533—2009）	现行
11	氨	空气质量　氨的测定　离子选择电极法（GB/T 14669—93）	现行
12	苯	工作场所空气有毒物质测定　芳香烃类化合物（GBZ/T 160.42—2007）	现行
13	苯	环境空气　苯系物的测定　固体吸附/热脱附-气相色谱法（HJ 583—2010）	现行
14	苯	固定污染源废气　挥发性有机物的测定　固体吸附/热脱附-气相色谱-质谱法（HJ 734—2014）	现行
15	苯	环境空气　苯系物的测定　活性炭吸附/二硫化碳解吸-气相色谱法（HJ 584—2010）	现行
16	苯	环境空气　挥发性有机物的测定　吸附管采样-热脱附/气相色谱-质谱法（HJ 644—2013）	现行
17	苯胺类	大气固定污染源　苯胺类的测定　气相色谱法（HJ/T 68—2001）	现行

序号	监测项目	分析方法名称及编号	状态
18	苯胺类	空气质量 苯胺类的测定 盐酸萘乙二胺分光光度法（GB/T 15502—1995）	现行
19	苯并[a]芘	环境空气 苯并[a]芘的测定 高效液相色谱法（GB/T 15439—1995）	现行
20	苯并[a]芘	环境空气和废气 气相和颗粒物中多环芳烃的测定 高效液相色谱法（HJ 647—2013）	现行
21	苯并[a]芘	固定污染源排气中苯并[a]芘的测定 高效液相色谱法（HJ/T 40—1999）	现行
22	苯并[a]芘	环境空气和废气气相和颗粒物中多环芳烃的测定 气相色谱-质谱法（HJ 646—2013）	现行
23	苯乙烯	固定污染源废气 挥发性有机物的测定 固体吸附/热脱附-气相色谱-质谱法（HJ 734—2014）	现行
24	苯乙烯	环境空气 苯系物的测定 固体吸附/热脱附-气相色谱法（HJ 583—2010）	现行
25	苯乙烯	环境空气 苯系物的测定 活性炭吸附/二硫化碳解吸-气相色谱法（HJ 584—2010）	现行
26	丙酮	固定污染源废气 挥发性有机物的测定 固体吸附/热脱附-气相色谱-质谱法（HJ 734—2014）	现行
27	丙烯腈	固定污染源排气中丙烯腈的测定 气相色谱法（HJ/T 37—1999）	现行
28	丙烯醛	固定污染源排气中丙烯醛的测定 气相色谱法（HJ/T 36—1999）	现行
29	臭气浓度	空气质量 恶臭的测定 三点比较式臭袋法（GB/T 14675—14675）	现行
30	氮氧化物	固定污染源废气 氮氧化物的测定 非分散红外吸收法（HJ 692—2014）	现行
31	氮氧化物	固定污染源废气 氮氧化物的测定 定电位电解法（HJ 693—2014）	现行
32	氮氧化物	固定污染源排气中氮氧化物的测定 盐酸萘乙二胺分光光度法（HJ/T 43—1999）	现行
33	氮氧化物	固定污染源排气中氮氧化物的测定 紫外分光光度法（HJ/T 42—1999）	现行
34	氮氧化物	固定污染源排气 氮氧化物的测定 酸碱滴定法（HJ 675—2013）	现行
35	氮氧化物	环境空气 氮氧化物（一氧化氮和二氧化氮）的测定 盐酸萘乙二胺分光光度法（HJ 479—2009）	现行

序号	监测项目	分析方法名称及编号	状态
36	二噁英类	环境空气和废气 二噁英类的测定 同位素稀释高分辨气相色谱-高分辨质谱法（HJ 77.2—2008）	现行
37	二甲苯	工作场所空气有毒物质测定 芳香烃类化合物（GB Z/T 160.42—2007）	现行
38	二甲苯	环境空气 苯系物的测定 固体吸附/热脱附-气相色谱法（HJ 583—2010）	现行
39	二甲苯	固定污染源废气 挥发性有机物的测定 固体吸附/热脱附-气相色谱-质谱法（HJ 734—2014）	现行
40	二甲苯	环境空气 苯系物的测定 活性炭吸附/二硫化碳解吸-气相色谱法（HJ 584—2010）	现行
41	二甲苯	环境空气 挥发性有机物的测定吸附管采样-热脱附/气相色谱-质谱法（HJ 644—2013）	现行
42	二甲二硫	空气质量 硫化氢、甲硫醇、甲硫醚和二甲二硫的测定 气相色谱法（GB/T 14678）	现行
43	二硫化碳	空气质量 二硫化碳的测定 二乙胺分光光度法（GB/T 14680—93）	现行
44	二氧化硫	固定污染源排气中二氧化硫的测定 碘量法（HJ/T 56—2000）	现行
45	二氧化硫	固定污染源排气中二氧化硫的测定 定电位电解法（HJ/T 57—2000）	现行
46	二氧化硫	固定污染源废气 二氧化硫的测定 非分散红外吸收法（HJ 629—2011）	现行
47	二氧化硫	环境空气 二氧化硫的测定 甲醛吸收-副玫瑰苯胺分光光度法（HJ 482—2009）	现行
48	二氧化硫	环境空气 二氧化硫的测定 四氯汞盐吸收-副玫瑰苯胺分光光度法（HJ 483—2009）	现行
49	非甲烷总烃	固定污染源废气总烃、甲烷和非甲烷总烃的测定 气相色谱法（HJ/T 38—2017）	现行
50	非甲烷总烃	环境空气总烃、甲烷和非甲烷总烃的测定 直接进样-气相色谱法（HJ 604—2017）	现行
51	酚类化合物	环境空气 酚类化合物的测定 高效液相色谱法（HJ 638—2012）	现行
52	酚类化合物	固定污染源排气中酚类化合的测定 4-氨基安替比林分光光度法（HJ/T 32—1999）	现行
53	氟化氢	固定污染源废气 氟化氢的测定 离子色谱法（暂行）（HJ 688—2013）	现行

序号	监测项目	分析方法名称及编号	状态
54	氟化氢	大气固定污染源 氟化物的测定 离子选择电极法（HJ/T 67—2001）	现行
55	氟化物	环境空气 氟化物的测定 滤膜采样氟离子选择电极法（HJ 480—2009）	现行
56	氟化物	环境空气 氟化物的测定 石灰滤纸采样氟离子选择电极法（HJ 481—2009）	现行
57	镉及其化合物	颗粒物中铅等金属元素的测定 电感耦合等离子体质谱法（HJ 657—2013）	现行
58	镉及其化合物	对-偶氮苯重氮氨基偶氮苯磺酸分光光度法（HJ/T 64.3—2001）	现行
59	镉及其化合物	电感耦合等离子体发射光谱法（HJ 777—2015）	现行
60	镉及其化合物	火焰原子吸收分光光度法（HJ/T 64.1—2001）	现行
61	镉及其化合物	石墨炉原子吸收分光光度法（HJ/T 64.2—2001）	现行
62	铬及其化合物	颗粒物中铅等金属元素的测定 电感耦合等离子体质谱法（HJ 657—2013）	现行
63	铬及其化合物	电感耦合等离子体发射光谱法（HJ 777—2015）	现行
64	铬及其化合物	工作场所空气有毒物质测定 铬及其化合物（GB Z/T 160.7—2004）	现行
65	铬酸雾	二苯基碳酰二肼分光光度法（HJ/T 29—1999）	现行
66	汞及其化合物	气态汞的测定 金膜富集/冷原子吸收分光光度法（HJ 910—2017）	现行
67	汞及其化合物	固定污染源废气 汞的测定 冷原子吸收分光光度法（暂行）（HJ 543—2009）	现行
68	汞及其化合物	巯基棉富集-冷原子荧光分光光度法（暂行）（HJ 542—2009）	现行
69	钴及其化合物	颗粒物中铅等金属元素的测定 电感耦合等离子体质谱法（HJ 657—2013）	现行
70	光气	苯胺紫外分光光度法（HJ/T 31—1999）	现行
71	光气	固定污染源排气中颗粒物测定与气态污染物采样方法（GB/T 16157—1996）	现行
72	甲苯	工作场所空气有毒物质测定 芳香烃类化合物（GBZ/T 160.42—2007）	现行
73	甲苯	苯系物的测定 固体吸附/热脱附-气相色谱法（HJ 583—2010）	现行
74	甲苯	挥发性有机物的测定 固体吸附/热脱附-气相色谱-质谱法（HJ 734—2014）	现行

序号	监测项目	分析方法名称及编号	状态
75	甲苯	活性炭吸附/二硫化碳解吸-气相色谱法（HJ 584—2010）	现行
76	甲苯	挥发性有机物的测定 吸附管采样-热脱附/气相色谱-质谱法（HJ 644—2013）	现行
77	甲醇	固定污染源排气中甲醇的测定 气相色谱法（HJ/T 33—1999）	现行
78	甲硫醇	空气质量 硫化氢、甲硫醇、甲硫醚、二甲二硫的测定 气相色谱法（GB/T 14678—93）	现行
79	甲硫醚	空气质量 硫化氢、甲硫醇、甲硫醚、二甲二硫的测定 气相色谱法（GB/T 14678—93）	现行
80	甲醛	乙酰丙酮分光光度法（GB/T 15516—1995）	现行
81	甲烷	固定污染源废气 总烃、甲烷和非甲烷总烃的测定 气相色谱法（HJ 38—2017）	现行
82	甲烷	总烃、甲烷和非甲烷总烃的直接进样-气相色谱法（HJ 604—2017）	现行
83	颗粒物	固定污染源排气中颗粒物测定与气态污染物采样方法（GB/T 16157—1996）	现行
84	颗粒物	固定污染源废气 低浓度颗粒物的测定 重量法（HJ 836—2017）	现行
85	颗粒物	锅炉烟尘测试方法（GB 5468—91）	现行
86	颗粒物	环境空气 总悬浮颗粒物的测定 重量法（GB/T 15432—1995）	现行
87	颗粒物	排气中颗粒物的测定	见《合成革与人造革工业污染物排放标准》附录B
88	颗粒物	环境空气颗粒物（$PM_{2.5}$）手工监测方法（重量法）技术规范（HJ 656—2013）	现行
89	颗粒物中钍和铀	颗粒物中铅等金属元素的测定 电感耦合等离子体质谱法（HJ 657—2013）	现行
90	沥青烟	重量法（HJ/T 45—1999）	现行
91	硫化氢	空气质量 硫化氢、甲硫醇、甲硫醚、二甲二硫的测定 气相色谱法（GB/T 14678—93）	现行
92	硫化氢	固定污染源排气中颗粒物测定与气态污染物采样方法（GB/T 16157—1996）	现行
93	硫化物	气体分析 硫化物的测定 硫化学发光气相色谱法（GB/T 33318—2016）	质量监督局

序号	监测项目	分析方法名称及编号	状态
94	硫化物	工作场所空气有毒物质测定（GBZ/T 160.33—2004）	现行
95	硫酸雾	铬酸钡比色法（GB 4920—85）	现行
96	硫酸雾	铬酸钡分光光度法	见《电镀污染物排放标准》附录 C
97	硫酸雾	离子色谱法	见《电镀污染物排放标准》附录 D
98	硫酸雾	固定污染源废气　硫酸雾的测定　离子色谱法（HJ 544—2016）	现行
99	氯苯类	氯苯类化合物的测定　气相色谱法（HJ/T 66—2001）	现行
100	氯苯类	气相色谱法（HJ/T 39—1999）	现行
101	氯化氢	固定污染源排气中颗粒物测定与气态污染物采样方法（GB/T 16157—1996）	现行
102	氯化氢	固定污染源排气中氯化氢的测定　硫氰酸汞分光光度法（HJ/T 27—1999）	现行
103	氯化氢	离子色谱法（HJ 549—2016）	现行
104	氯化氢	硝酸银容量法（HJ 548—2016）	现行
105	氯化物	大气降水中氯化物的测定　硫氰酸汞高铁光度法（GB 13580.9—1992）	现行
106	氯化物（以HCl 计）	硫氰酸汞分光光度法（HJ/T 27—1999）	现行
107	氯气	碘量法（HJ 547—2017）	现行
108	氯气	固定污染源排气中颗粒物测定与气态污染物采样方法（GB/T 16157—1996）	现行
109	氯气	甲基橙分光光度法（HJ/T 30—1999）	现行
110	氯乙烯	固定污染源排气中氯乙烯的测定　气相色谱法（HJ/T 34—1999）	现行
111	氯乙烯	环境空气　挥发性有机物的测定　罐采样-气相色谱-质谱法（HJ 759—2015）	现行
112	锰及其化合物	电感耦合等离子体质谱法（HJ 657—2013）	现行
113	锰及其化合物	电感耦合等离子体发射光谱法（HJ 777—2015）	现行
114	钼及其化合物	电感耦合等离子体质谱法（HJ 657—2013）	现行
115	镍及其化合物	丁二酮肟-正丁醇萃取分光光度法（HJ/T 63.3—2001）	现行
116	镍及其化合物	火焰原子吸收分光光度法（HJ/T 63.1—2001）	现行

序号	监测项目	分析方法名称及编号	状态
117	镍及其化合物	石墨炉原子吸收分光光度法（HJ/T 63.2—2001）	现行
118	镍及其化合物	电感耦合等离子体质谱法（HJ 657—2013）	现行
119	镍及其化合物	电感耦合等离子体发射光谱法（HJ 777—2015）	现行
120	铍及其化合物	电感耦合等离子体质谱法（HJ 657—2013）	现行
121	铍及其化合物	电感耦合等离子体发射光谱法（HJ 777—2015）	现行
122	铍及其化合物	石墨炉原子吸收分光光度法（HJ 684—2014）	现行
123	铅及其化合物	电感耦合等离子体质谱法（HJ 657—2013）	现行
124	铅及其化合物	电感耦合等离子体发射光谱法（HJ 777—2015）	现行
125	铅及其化合物	火焰原子吸收分光光度法（GB/T 15264—94）	现行
126	铅及其化合物	火焰原子吸收分光光度法（HJ 685—2014）	现行
127	铅及其化合物	火焰原子吸收分光光度法（暂行）（HJ 538—2009）	现行
128	铅及其化合物	石墨炉原子吸收分光光度法（HJ 539—2015）	现行
129	氰化氢	异烟酸-吡唑啉酮分光光度法（HJ/T 28—1999）	现行
130	三甲胺	空气质量 三甲胺的测定 气相色谱法（GB/T 14676—1993）	现行
131	砷及其化合物	电感耦合等离子体质谱法（HJ 657—2013）	现行
132	砷及其化合物	电感耦合等离子体发射光谱法（HJ 777—2015）	现行
133	砷及其化合物	固定污染源废气 砷的测定 二乙基二硫代氨基甲酸银分光光度法（HJ 540—2016）	现行
134	砷及其化合物	黄磷生产废气气态砷的测定 二乙基二硫代氨基甲酸银分光光度法（暂行）（HJ 541—2009）	现行
135	石棉尘	固定污染源排气中石棉尘的测定 镜检法（HJ/T 41—1999）	现行
136	铊及其化合物	电感耦合等离子体质谱法（HJ 657—2013）	现行
137	锑及其化合物	电感耦合等离子体质谱法（HJ 657—2013）	现行
138	锑及其化合物	电感耦合等离子体发射光谱法（HJ 777—2015）	现行
139	铜及其化合物	电感耦合等离子体质谱法（HJ 657—2013）	现行
140	铜及其化合物	电感耦合等离子体发射光谱法（HJ 777—2015）	现行
141	钍、铀总量	土壤中放射性核素的 γ 能谱分析方法（GB/T 11743—2013）	见《稀土工业污染物排放标准》GB 26451—2011
142	锡及其化合物	电感耦合等离子体质谱法（HJ 657—2013）	现行
143	锡及其化合物	电感耦合等离子体发射光谱法（HJ 777—2015）	现行

序号	监测项目	分析方法名称及编号	状态
144	锡及其化合物	石墨炉原子吸收分光光度法（HJ/T 65—2001）	现行
145	硝基苯类	锌还原-盐酸萘乙二胺分光光度法（GB/T 15501—1999）	现行
146	硝基苯类	环境空气　硝基苯类化合物的测定　气相色谱-质谱法（HJ 739—2015）	现行
147	硝基苯类	环境空气　硝基苯类化合物的测定　气相色谱法（HJ 738—2015）	现行
148	硝酸雾	盐酸萘乙二胺分光光度法（HJ/T 43—1999）	现行
149	硝酸雾	紫外分光光度法（HJ/T 42—1999）	现行
150	锌及其化合物	电感耦合等离子体质谱法（HJ 657—2013）	现行
151	锌及其化合物	电感耦合等离子体发射光谱法（HJ 777—2015）	现行
152	烟气黑度	固定污染源排放烟气黑度的测定　林格曼烟气黑度图法（HJ/T 398—2017）	现行
153	一氧化碳	固定污染源排气中一氧化碳的测定　非色散红外吸收法（HJ/T 44—1999）	现行
154	一氧化碳	空气质量　一氧化碳的测定　非分散红外法（GB 9801—88）	现行
155	乙苯	固相吸附-热脱附/气相色谱-质谱法（HJ 734—2014）	现行
156	乙苯	环境空气　挥发性有机物的测定　傅里叶红外仪法（HJ 919—2017）	2018.4.1 开始实施
157	乙苯	环境空气　挥发性有机物的测定　吸附管采样-热脱附/气相色谱-质谱法（HJ 644—2013）	现行
158	乙苯	环境空气　挥发性有机物的测定　罐采样-气相色谱-质谱法（HJ 759—2015）	现行
159	乙醛	气相色谱法（HJ/T 35—1999）	现行
160	正己烷	固相吸附-热脱附/气相色谱-质谱法（HJ 734—2014）	现行
161	正己烷	环境空气　挥发性有机物的测定　罐采样-气相色谱-质谱法（HJ 759—2015）	现行
162	1,2-二氯丙烷	环境空气　挥发性有机物的测定　罐采样-气相色谱-质谱法（HJ 759—2015）	现行
163	1,2-二氯丙烷	环境空气　挥发性有机物的测定　吸附管采样-热脱附/气相色谱-质谱法（HJ 644—2013）	现行
164	1,2-二氯乙烷	环境空气　挥发性有机物的测定　罐采样-气相色谱-质谱法（HJ 759—2015）	现行

序号	监测项目	分析方法名称及编号	状态
165	1,2-二氯乙烷	环境空气　挥发性有机物的测定　吸附管采样-热脱附/气相色谱-质谱法（HJ 644—2013）	现行
166	1,3-丁二烯	环境空气　挥发性有机物的测定　罐采样-气相色谱-质谱法（HJ 759—2015）	现行
167	苯可溶物	固定污染源废气　苯可溶物的测定　索氏提取－重量法（HJ 690—2014）	现行
168	丙烯酰胺	环境空气和废气　酰胺类化合物的测定　液相色谱法（HJ 801—2016）	现行
169	二氯甲烷	环境空气　挥发性有机物的测定　罐采样-气相色谱-质谱法（HJ 759—2015）	现行
170	二氯甲烷	环境空气　挥发性有机物的测定　吸附管采样-热脱附/气相色谱-质谱法（HJ 644—2013）	现行
171	二甲基甲酰胺	环境空气和废气　酰胺类化合物的测定　液相色谱法（HJ 801—2016）	现行
172	三氯甲烷	环境空气　挥发性有机物的测定　罐采样-气相色谱-质谱法（HJ 759—2015）	现行
173	三氯甲烷	环境空气　挥发性有机物的测定　吸附管采样-热脱附/气相色谱-质谱法（HJ 644—2013）	现行
174	三氯乙烯	环境空气　挥发性有机物的测定　罐采样-气相色谱-质谱法（HJ 759—2015）	现行
175	三氯乙烯	环境空气　挥发性有机物的测定　吸附管采样-热脱附/气相色谱-质谱法（HJ 644—2013）	现行
176	四氯化碳	环境空气　挥发性有机物的测定　罐采样-气相色谱-质谱法（HJ 759—2015）	现行
177	四氯化碳	环境空气　挥发性有机物的测定　吸附管采样-热脱附/气相色谱-质谱法（HJ 644—2013）	现行
178	四氯乙烯	环境空气　挥发性有机物的测定　罐采样-气相色谱-质谱法（HJ 759—2015）	现行
179	四氯乙烯	环境空气　挥发性有机物的测定　吸附管采样-热脱附/气相色谱-质谱法（HJ 644—2013）	现行
180	四氢呋喃	环境空气　挥发性有机物的测定　罐采样-气相色谱-质谱法（HJ 759—2015）	现行
181	环己烷	环境空气　挥发性有机物的测定　罐采样-气相色谱-质谱法（HJ 759—2015）	现行
182	甲基丙烯酸甲酯	环境空气　挥发性有机物的测定　罐采样-气相色谱-质谱法（HJ 759—2015）	现行

序号	监测项目	分析方法名称及编号	状态
183	乙酸乙烯酯	环境空气　挥发性有机物的测定　罐采样-气相色谱-质谱法（HJ 759—2015）	现行
184	总悬浮颗粒物	固定污染源排气中颗粒物测定与气态污染物采样方法（GB/T 16157—1996）	现行
185	总悬浮颗粒物	重量法（GB/T 15432—1995）	现行
186	丙烯酸丁酯	尚无国家方法标准	
187	丙烯酸甲酯	尚无国家方法标准	
188	多亚甲基多苯基异氰酸酯	尚无国家方法标准	
189	二氯甲基醚	尚无国家方法标准	
190	二氯乙炔	尚无国家方法标准	
191	环氧丙烷	尚无国家方法标准	
192	环氧氯丙烷	尚无国家方法标准	
193	环氧乙烷	尚无国家方法标准	
194	邻苯二甲酸酐	尚无国家方法标准	
195	硫酸二甲酯	尚无国家方法标准	
196	氯丙烯	尚无国家方法标准	
197	氯丁二烯	尚无国家方法标准	
198	氯甲基甲醚	尚无国家方法标准	
199	氯甲烷	尚无国家方法标准	
200	氯乙酸	尚无国家方法标准	
201	马来酸酐	尚无国家方法标准	
202	溴甲烷	尚无国家方法标准	
203	氰化物	尚无国家方法标准	
204	溴乙烷	尚无国家方法标准	
205	乙二醇	尚无国家方法标准	
206	异佛尔酮	尚无国家方法标准	

附录 8-3 固体废物监测方法标准

序号	分析方法名称及编号	方法编号
1	固体废物 有机氯农药的测定 气相色谱-质谱法（HJ 912—2017）	现行
2	固体废物 多氯联苯的测定 气相色谱-质谱法（HJ 891—2017）	现行
3	固体废物 多环芳烃的测定 高效液相色谱法（HJ 892—2017）	现行
4	固体废物 丙烯醛、丙烯腈、乙腈的测定 顶空-气相色谱（HJ 874—2017）	现行
5	固体废物 铅和镉的测定 石墨炉原子吸收分光光度法（HJ 787—2016）	现行
6	固体废物 铅、锌和镉的测定 火焰原子吸收分光光度法（HJ 786—2016）	现行
7	固体废物 有机物的提取 加压流体萃取法（HJ 782—2016）	现行
8	固体废物 22 种金属元素的测定 电感耦合等离子体发射光谱法（HJ 781—2016）	现行
9	固体废物 有机磷农药的测定 气相色谱法（HJ 768—2015）	现行
10	固体废物 钡的测定 石墨炉原子吸收分光光度法（HJ 767—2015）	现行
11	固体废物 金属元素的测定 电感耦合等离子体质谱法（HJ 766—2015）	现行
12	固体废物 有机物的提取 微波萃取法（HJ 765—2015）	现行
13	固体废物 有机质的测定 灼烧减量法（HJ 761—2015）	现行
14	固体废物 挥发性有机物的测定 顶空-气相色谱法（HJ 760—2015）	现行
15	固体废物 铍、镍、铜和钼的测定 石墨炉原子吸收分光光度法（HJ 752—2015）	现行
16	固体废物 镍和铜的测定 火焰原子吸收分光光度法（HJ 751—2015）	现行
17	固体废物 总铬的测定 石墨炉原子吸收分光光度法（HJ 750—2015）	现行
18	固体废物 总铬的测定 火焰原子吸收分光光度法（HJ 749—2015）	现行
19	固体废物 挥发性卤代烃的测定 顶空/气相色谱-质谱法（HJ 714—2014）	现行
20	固体废物 挥发性卤代烃的测定 吹扫捕集/气相色谱-质谱法（HJ 713—2014）	现行
21	固体废物 总磷的测定 偏钼酸铵分光光度法（HJ 712—2014）	现行
22	固体废物 酚类化合物的测定 气相色谱法（HJ 711—2014）	现行
23	固体废物 汞、砷、硒、铋、锑的测定 微波消解/原子荧光法（HJ 702—2014）	现行
24	固体废物 六价铬的测定 碱消解/火焰原子吸收分光光度法（HJ 687—2014）	现行
25	固体废物 挥发性有机物的测定 顶空/气相色谱-质谱法（HJ 643—2013）	现行

序号	分析方法名称及编号	方法编号
26	固体废物 浸出毒性浸出方法 水平振荡法（HJ 557—2010）	现行
27	固体废物 二噁英类的测定 同位素稀释高分辨气相色谱-高分辨质谱法（HJ 77.3—2008）	现行
28	危险废物（含医疗废物）焚烧处置设施二噁英排放监测技术规范（HJ/T 365—2007）	现行
29	固体废物 浸出毒性浸出方法 醋酸缓冲溶液法（HJ/T 300—2007）	现行
30	固体废物 浸出毒性浸出方法 硫酸硝酸法（HJ/T 299—2007）	现行
31	固体废物 浸出毒性浸出方法 翻转法（GB 5086.1—1997）	现行
32	固体废物 总铬的测定 硫酸亚铁铵滴定法（GB/T 15555.8—1995）	现行
33	固体废物 六价铬的测定 硫酸亚铁铵滴定法（GB/T 15555.7—1995）	现行
34	固体废物 总铬的测定 火焰原子吸收分光光度法（HJ 749—2015）	现行
35	固体废物 六价铬的测定 二苯碳酰二肼分光光度法（GB/T 15555.4—1995）	现行
36	固体废物 砷的测定 二乙基二硫代氨基甲酸银分光光度法（GB/T 15555.3—1995）	现行
37	固体废物 铅、锌和镉的测定 火焰原子吸收分光光度法（HJ 786—2016）	现行
38	固体废物 总汞的测定 冷原子吸收分光光度法（GB/T 15555.1—1995）	现行
39	固体废物 镍的测定 丁二酮肟分光光度法（GB/T 15555.10—1995）	现行
40	固体废物 氟化物的测定 离子选择性电极法（GB/T 15555.11—1995）	现行
41	固体废物 腐蚀性测定 玻璃电极法（GB/T 15555.12—1995）	现行
42	固体废物 镍和铜的测定 火焰原子吸收分光光度法（HJ 786—2016）	现行
43	固体废物 总铬的测定 二苯碳酰二肼分光光度法（GB/T 15555.5—1995）	现行
44	固体废物 氢化物发生的测定 催化热解-原子吸收法	已立项
45	固体废物 挥发性芳香烃的测定 封闭系统顶空或热脱附或吹扫捕集/气相色谱-质谱法	已立项
46	固体废物 半挥发性有机物的测定 液液萃取或自动索氏提取或加速溶剂萃取或超声波提取或微波萃取、氧化铝柱或硅酸镁柱或硅胶柱分离气相色谱-质谱法	已立项
47	固体废物 多环芳烃的测定 加速溶剂萃取/气相色谱-质谱法	已立项
48	固体废物 多氯联苯混合物的测定 气相色谱法	已立项
49	固体废物 多氯联苯单体的测定 气相色谱-质谱法	已立项
50	固体废物 杀虫剂 气相色谱法、气相色谱-质谱法或高效液相色谱法	已立项

序号	分析方法名称及编号	方法编号
51	固体废物　浸出毒性　氰化物的测定	已立项
52	固体废物　蛔虫卵的测定　沉淀集卵法	已立项
53	固体废物　二噁英类的筛查　报告基因法	已立项
54	固体废物　烷基汞的测定　液相色谱-原子荧光法	已立项
55	固体废物　热灼减率的测定　重量法	已立项
56	固体废物　含水率的测定　重量法	已立项
57	固体废物　总锡的测定　原子荧光法	已立项
58	固体废物　无机元素的测定　X 射线荧光光谱法	已立项
59	固体废物　氟的测定　碱熔离子选择电极法	已立项
60	固体废物　二噁英类的测定　同位素稀释　气相色谱串联质谱法	已立项

附录 9

自行监测质量控制相关模板和样表

附录 9-1　检测工作程序（样式）

1　目的

对检测任务的下达、检测方案的制定、采样器皿和试剂的准备，样品采集和现场检测，实验室内样品分析，以及测试原始积累的填写等各个环节实施有效的质量控制，保证检测结果的代表性、准确性。

2　适用范围

适用于本单位实施的检测工作。

3　职责

3.1　×××负责下达检测任务。

3.2　×××负责根据检测目的、排放标准、相关技术规范和管理要求制定检测方案（某些企业的检测方案是环保部门发放许可证时已经完成技术审查的，在一定时间段内执行即可，不必在每一次检测任务均制定检测方案）。

3.3　×××负责实施需现场检测的项目，×××采集样品并记录采集样品的时间、地点、状态等参数，并做好样品的标识，×××负责样品流转过程中的质量控制，负责将样品移交给样品接收人员。

3.4　×××负责接收送检样品，在接收送检样品时，对样品的完整性和对应检测要求的适宜性进行验收，并将样品分发到相应分析任务承担人员（如果没有集中接样后，在由接样人员分发样品到分析人员的制度设计，这一步骤可以省略）。

3.5　×××负责本人承担项目样品的接收、保管和分析。

4　工作程序

4.1　方案制定

×××负责根据检测目的、排放标准、相关技术规范和环境管理要求，制定检测方案，明确检测内容、频次，各任务执行人，使用的检测方法、采用的检测仪器，以及采取的质控措施。经×××审核、×××批准后实施该检测方案。

4.2　现场检测和样品采集

×××采样人员根据检测方案要求，按国家有关的标准、规范到现场进行现场检测和样品采集，记录现场检测结果相关的信息，以及生产工况。样品采集后，按规定建立样品的唯一标识，填写采样过程质保单和采样记录。必要时，受检部门有关人员应在采样原始记录上签字认可。

4.3　样品的流转

采样人员送检样品时，由接样人员认真检查样品表观、编号、采样量等信息是否与采样记录相符合，确认样品量是否能满足检测项目要求，采样人员和接样人员双方签字认可（如果没有集中接样后，在由接样人员分发样品到分析人员的制度设计，这一步骤可以省略）。

分析人员在接收样品时，应认真查看和验收样品表观、编号、采样量等信息是否与采样记录相符合，并核实样品交接记录，分析人员确认无误后在样品交接单上签字。

4.4　样品的管理

样品应妥善存放在专用且适宜的样品保存场所，分析人员应准确标识样品所处的实验状态，用"待测""在测"和"测毕"标签加以区别。

分析人员在分析前如发现样品异常或对样品有任何疑问时，应立即查找原因，待符合分析要求后，再进行分析。

对要求在特定环境下保存的样品，分析人员应严格控制环境条件，按要求进行保存，保证样品在存放过程中不变质、不损坏。若发现样品在保存过程中出现异常情况，应及时向质量负责人汇报，查明原因及时采取措施。

4.5 样品的分析

分析人员按检测任务分工安排，严格按照方案中规定的方法标准/规范分析样品，及时填写分析原始记录、测试环境监控记录、仪器使用记录等相关记录并签字。

4.6 样品的处置

除特殊情况需留存的样品外，检测后的余样应送污水处理站进行处理。

5 相关程序文件

《异常情况处理程序》

6 相关记录表格

《废水采样原始记录表》

《废气检测原始记录表》

《内部样品交接单》

《样品留存记录表》

《pH 值分析原始记录表》

《颗粒物监测原始记录》

《烟气黑度测试记录表》

《现场监测质控审核记录》

《废水流量监测记录（流速仪法）》

附录9-2　××××（单位名称）废（污）水采样原始记录表

(检)字【　　　】第　　　号

第　页，共　页

采样时间	样品编号	水温/℃	pH	流量/(m³/h)	流量/(m³/d)	监测项目	废（污）水表观描述	废（污）水主要来源	排放规律（以流速变化判断）
时　分									
时　分									
时　分									1. 连续稳定
时　分									2. 连续不稳定
时　分									3. 间断稳定
时　分									4. 间断不稳定
时　分									
时　分									
时　分									

治理设施情况	治理设施类型及名称				
	处理量/(t/d)	设计			
		实际	建设日期		
			处理规律		COD设计去除率	新鲜用水量/(t/d)

治理设施运行情况

COD设计去除率　　氨氮设计去除率

新鲜用水量/(t/d)　　回用水量/(t/d)　　生产负荷

主要原料　　　　主要产品

备注：表观描述应包括颜色、气味、悬浮物含量情况等信息。回用水量不含设施循环水部分

检测人员：　　　校对：　　　审核：　　　检测日期：　　年　月　日

附录9-3　××××（单位名称）内部样品交接单

（检）字【　　　　】第　　　号　　　　　　　　　　　　　　　　　　　第　页，共　页

送样人			采样时间		接样人		接样时间	
样品名称及编号	样品类型		样品表观	样品数量	监测项目		质保措施	分析人员签字

平行样品分析项目及编号：

加标样品分析项目及编号：

备注

填写人员：　　　　　校对：　　　　　审核：　　　　　日期：　　　年　月　日

×××-JL-04-

附录 9-4 重量法分析原始记录表

渝环（监）【 】第 号　　　　　　　　　　　　　　　　　　　　　　　第 页，共 页

分析项目		仪器名称型号		方法名称		送样日期		环境条件	室温/℃	
		仪器编号		方法依据		分析日期			湿度/%	

烘干/灼烧温度/℃		烘干/灼烧时间/h			恒重温度/℃		恒重时间/h	

样品名称及编号	器皿编号	取样量（ ）	初重/g			终重/g			样重/g	计算结果（ ）	报出结果（ ）	备注
			W_1	W_2	$W_均$	W_1	W_2	$W_均$	ΔW			

分析:　　　　　　校对:　　　　　　审核:　　　　　　报告日期: 年 月 日

CQEMC-JL-04-监测-

附录9-5 原子吸收分光光度法原始记录表

渝环（检）字【 　　　】第 　　　号

第　页，共　页

测定项目		方法名称		送样日期		环境条件	温度/℃
仪器名称、型号		方法依据		分析日期			湿度/%
仪器编号		波长/nm	狭缝/nm	灯电流/mA			火焰条件
标准曲线	浓度系列/（mg/L）（A_i）						
	吸光度（A_i）$A_i-A_{0均值}$				$A_{0均值}=$		
	回归方程		$r=$	$a=$	$b=$	$y=bx+a$	
样品前处理							
样品名称及编号	稀释方法	取样体积/mL	查曲线值/（mg/L）	计算结果/（mg/L）		报出结果/（mg/L）	备注

分析：　　　　　　　校对：　　　　　　　审核：　　　　　　　报告日期：　　　年　月　日

附录 9-6　容量法原始记录表

（检）字【　　】第　　号　　　　　　第　页，共　页

分析项目			接样时间		分析时间	
分析方法				方法依据		
标液名称		标液浓度			滴定管规格及编号	

样品前处理情况：

样品名称及编号	稀释方法	取样量/mL	消耗标准溶液体积/mL	计算结果/（mg/L）	报出结果/（mg/L）	备注

分析：　　校对：　　审核：　　报告日期：　年　月　日

附录 9-7 pH 值分析原始记录表

（检）字【　　】第　　号　　　　　　　　第　页，共　页

采样日期				分析日期	
分析方法				仪器名称型号	
方法依据				仪器编号	
标准缓冲溶液温度/℃		标准缓冲溶液定位值 I		标准缓冲溶液定位值 II			标准缓冲溶液定位值III	
样品名称及编号		水温/℃		pH			备注

分析：　　　校对：　　　审核：　　　报告日期：　　　年　月　日

附录 9-8 标准溶液配制及标定记录表

环（检）字【 　　 】第 　　 号 　　 第 页,共 页

基准试剂恒重	基准试剂			恒重日期		年 月 日	
	烘箱名称型号			烘箱编号			
	天平名称型号			天平编号			
	干燥次数	第一次		第二次	第三次		第四次
	干燥温度/℃						
	干燥时间/h						
	总量/g						
基准溶液配制	基准试剂			配制日期		年 月 日	
	样品编号	$1^{\#}$		$2^{\#}$	$3^{\#}$		$4^{\#}$
	$W_{始}$/g						
	$W_{末}$/g						
	$W_{净}$/g						
	定容体积 $V_{定}$/mL						
	配制浓度 $C_{基}$/（mol/L）						

标准溶液标定	待标溶液		滴定管规格及编号			标定日期		
	标定编号	空白1	空白2	$1^{\#}$	$2^{\#}$	$3^{\#}$	$4^{\#}$
	基准溶液体积 $V_{基}$/mL						
	标准溶液消耗体积 $V_{标}$/mL						
	计算浓度 $C_{标}$/（mol/L）						
	平均浓度 $C_{标}$/（mol/L）						
	相对偏差/%						

基准溶液浓度计算：

$C_{基}（mol/L）= 1\,000 \cdot W_{净}/M/V_{定}$

注：M——基准试剂摩尔质量

标准溶液浓度计算：

$C_{标}（mol/L）= C_{基} \cdot V_{基}/V_{标}$

或 $C_{标}（mol/L）= 1\,000 \cdot W_{净}/M/V_{定}$

备注

分析： 　　 校对： 　　 审核： 　　 报告日期： 年 月 日

附录 9-9　作业指导书样例（氮氧化物化学发光测试仪作业指导书）

1　概述

1.1　适用范围

本作业指导书适用于化学发光法测试仪测定固定源排气中氮氧化物。

1.2　方法依据

本方法依据《固定污染源排气中颗粒物测定与气态污染物采样方法》（GB/T 16157—1996）、《固定源废气监测技术规范》（HJ/T 397—2007）以及 USEPA Method 7E。

1.3　方法原理及操作概要

试样气体中的一氧化氮（NO）与臭氧（O_3）反应，变成二氧化氮（NO_2）。NO_2 变为激发态（NO_2^*）后在进入基态时会放射光，这一现象就是化学发光。

$$NO+O_3 \longrightarrow NO_2^*+O_2$$

$$NO_2^* \longrightarrow NO_2+hv$$

这一反应非常快且只有 NO 参与，几乎不受其他共存气体的影响。NO 为低浓度时，发光光量与浓度成正比。

2　测试仪器

便携式氮氧化物化学发光法测试仪

3　测试步骤

3.1　接通电源开关，让测试仪预热。

3.2　设置当次测试的日期及时间。

3.3　预热结束后，将量程设置为实际使用的量程，并进行校正。

从菜单中选择"校正"。进入校正画面后，自动切换成 NO 管路（不通过 NO_x 转换器的管路）。

3.3.1 量程气体浓度设置

1）按下 ▮▮▮ 后，设置量程气体浓度。

2）根据所使用的量程气体，变更浓度设置。

3）设置量程气体钢瓶的浓度，按下"Enter"。

4）按下"back"键，决定变更内容后，返回到校正画面。

3.3.2 零点校正（校正时请先执行零点校正）

1）选择校正管路。进行零点校正的组分在校正类别中选择"zero"。

2）流入 N_2 气体后，等待稳定。

3）指示值稳定后按下 ⬇。

4）按下"是"进行校正。完成零点校正。

3.3.3 量程校正

1）首先，为了进行 NO 的量程校正，NO 以外选择"----"，只有 NO 选择"span"。

2）校正类别中选择"span"的组分会显示窗口，用于确认校正量程和量程气体浓度。确认内容后，按下"OK"返回到校正画面。

3）流入 CO 气体后，等待稳定。

4）指示值稳定后按下 ⬇。

5）按下"是"进行校正。

3.4 完成所有的校正后，按下返回到菜单画面、测量画面。

3.5 从测量画面按下每个组分的量程按钮，按组分设置测量浓度的量程。每个组分的测量值/换算值/滑动平均值/累计值量程及校正量程是通用的。变更任何一个值的量程，其他值的量程也会跟着变更。模拟输出的满刻度值也会同时变更。

3.5.1 选择想要变更的组分的量程。

3.5.2 选择想要变更的量程，按下"OK"决定。

3.6 测试过程数据记录保存

3.6.1 将有足够剩余空间且未 LOCK 的 SD 卡插入分析仪正面的 SD 卡插槽中。

3.6.2 从菜单 2/5 中选择"数据记录"。

3.6.3 选择"记录间隔"。

3.6.4 按下前进、后退键选择记录间隔，再按下"OK"决定。

3.6.5 选择保存文件夹。

3.6.6 选择保存文件夹后，按下 。

3.6.7 确认开始记录时，按下"是"开始。

如果开始记录，记录状态就会从记录停止中变为记录中，同时 MEM LED 会亮黄灯。

3.6.8 停止记录时，请再次按下。确认停止记录时，按下"是"停止记录。

3.6.9 记录状态会再次从记录中变为记录停止中，同时 MEM LED 会熄灭。

4 测试结束

4.1 通过采样探头等吸入大气至读数降回到零点附近。

4.2 从菜单中选择测量结束。

4.3 按下"是"结束处理。

4.4 完成测量结束处理，显示关闭电源的信息后，请关闭电源开关。

附录 10

自行监测方案模板

××××公司
自行监测方案

企业名称：___×××　公司___

编制时间：___××年××月___

一、企业概况

（一）基本情况

××××有限公司位于××××，全厂共建设两期工程：××××，分别于××××和××××建成投产。根据《排污单位自行监测技术指南 总则》（HJ 819—2017）及《排污单位自行监测指南 火力发电及锅炉》（HJ 820—2017）要求，公司根据实际生产情况，查清本单位的污染源、污染物指标及潜在的环境影响，制定了本公司环境自行监测方案。

（二）排污情况

本厂生产工艺为××××。

废气、废水、噪声源与治理措施描述。

二、企业自行监测开展情况说明

公司自行监测手段采用手工监测和自动监测相结合，开展自动监测的项目有废气中的二氧化硫、氮氧化物、烟尘，其他未开展自动监测的项目均采用手工监测。

公司针对大气污染物二氧化硫、氮氧化物、烟尘，在 3#、4# 锅炉排放口安装烟气连续排放监测系统，对污染因子进行实时监测，并与省、市环保局联网，委托××××有限公司实现 24 小时运维。

手工监测内容包括××××，委托有 CMA 资质的××××有限公司进行委外检测。

三、监测方案

（一）废气有组织监测方案

1. 废气有组织监测点位、监测项目及监测频次

表 10-1 废气有组织监测点位、监测项目及监测频次

类型	排放源	监测项目	监测点位	监测频次	监测方式	自动监测是否联网
废气有组织排放	3#锅炉排放口	二氧化硫	3#锅炉排放口	连续监测	自动监测	是
		氮氧化物	3#锅炉排放口	连续监测	自动监测	是
		颗粒物（烟尘）	3#锅炉排放口	连续监测	自动监测	是
		汞及其化合物	3#锅炉排放口	1次/季	手工监测	—
		林格曼黑度	烟囱排放口	1次/季	手工监测	—
	4#锅炉排放口	二氧化硫	4#锅炉排放口	连续监测	自动监测	是
		氮氧化物	4#锅炉排放口	连续监测	自动监测	是
		颗粒物（烟尘）	4#锅炉排放口	连续监测	自动监测	是
		汞及其化合物	4#锅炉排放口	1次/季	手工监测	—
		林格曼黑度	烟囱排放口	1次/季	手工监测	—
备注：同步监测烟气参数（动压、静压、烟温、氧含量及湿度）						

2. 废气有组织排放监测分析方法

（1）自动监测主要依据《固定污染源烟气（SO_2、NO_x、颗粒物）排放连续监测技术规范》（HJ 75—2017）；

（2）手工监测主要依据《固定污染源排气中颗粒物测定与气态污染物采样方法》（GB/T 16157—1996）、《固定源废气监测技术规范》》（HJ/T 397—2007）；

（3）各监测项目具体分析监测分析方法见表 10-2。

表 10-2 废气有组织排放监测分析方法

序号	监测项目	监测方法	备注
1	二氧化硫	《固定污染源废气 二氧化硫的测定 非色散性红外吸收法》（HJ 629—2011）	自动
2	氮氧化物	《固定污染源废气 氮氧化物的测定 非色散性红外吸收法》（HJ 692—2014）	自动
3	颗粒物（烟尘）	稀释抽取式激光法	自动
4	汞及其化合物	汞及其化合物—原子荧光分光光度法 《空气和废气监测分析方法》（第四版）国家环境保护总局	手工
5	林格曼黑度	《固定污染源排放烟气黑度的测定 林格曼烟气黑度图法》（HJ/T 398—2007）	手工

3．废气有组织排放监测结果评价标准

表 10-3　废气有组织排放监测结果评价标准

类型	序号	监测项目	执行标准限值	执行标准
废气有组织排放	1	二氧化硫	50 mg/Nm^3	《火电厂大气污染物排放标准》（GB 13223—2011）表 2 中特别排放限值
	2	氮氧化物	100 mg/Nm^3	
	3	颗粒物（烟尘）	20 mg/Nm^3	
	4	汞及其化合物	0.03 mg/Nm^3	
	5	林格曼黑度	1 级	

（二）废气无组织排放监测方案

1．废气无组织监测点位、监测项目及监测频次

表 10-4　废气无组织监测点位、监测项目及监测频次

类型	排放源	监测项目	监测点位	监测频次	监测方式
废气无组织排放	厂界无组织废气（煤场）	总悬浮颗粒物	厂界下风向 3 个监控点	1 次/季	手工监测
	厂界无组织废气（氨区）	氨	氨区下风向 3 个监控点	1 次/季	手工监测
	1 号油罐区	非甲烷总烃	1 号油罐区 3 个监控点	1 次/季	手工监测
	2 号油罐区	非甲烷总烃	2 号油罐区 3 个监控点	1 次/季	手工监测

2．废气无组织排放监测方法

无组织排放监测点位布设按照《大气污染物综合排放标准》（GB 16297—1996）附录 C、《大气污染物无组织排放监测技术导则》（HJ/T 55—2000），监测项目具体监测分析方法见表 10-5。

表 10-5　废气无组织排放监测方法

序号	监测项目	监测方法
1	总悬浮颗粒物	《环境空气总悬浮颗粒物的测定　重量法》（GB/T 15432—1995）
2	氨	《环境空气和废气　氨的测定　纳氏试剂分光光度法》（HJ 533—2009）
3	非甲烷总烃	《固定污染源排气中非甲烷总烃的测定　气相色谱法》（HJ/T 38—1999）

3．废气无组织排放监测结果评价标准

表 10-6　废气无组织排放监测结果评价标准

类别	序号	监测项目	执行标准限值	执行标准
废气无组织排放	1	总悬浮颗粒物	1.0 mg/Nm^3	《大气污染物综合排放标准》（GB 16297—1996）表 2 中二级标准要求
	2	非甲烷总烃	4.0 mg/Nm^3	
	3	氨	1.5 mg/Nm^3	《恶臭污染物排放标准》（GB 14554—1993）表 1 中二级标准要求

（三）废水监测方案

1．废水监测点位、监测项目及监测频次

表 10-7　废水监测点位、监测项目及监测频次

类型	废水类型	监测项目	监测点位	监测频次	监测方式
废水	脱硫废水	pH	脱硫废水（辅流沉淀池出水区）	1 次/季	手工监测
		总砷			
		总铅			
		总汞			
		总镉			
	直流冷却水（循环水）	水温	循环水进口	1 次/日	手工监测
		水温	循环水出口	1 次/日	手工监测
		余氯	循环水出口	1 次/半年	手工监测

2. 废水污染物监测分析方法

依据《地表水和污水监测技术规范》(HJ/T 91—2002)开展废水污染物监测，监测项目具体监测分析方法见表10-8。

表 10-8 废水污染物监测分析方法

序号	废水类型	监测项目	监测方法
1	脱硫废水	pH	《水质 pH 值的测定 玻璃电极法》(GB/T 6920—1986)
2		总砷	《水质 总砷的测定 二乙基二硫代氨基甲酸银分光光度法》(GB/T 7485—1987)
3		总铅	《水质 铜、锌、铅、镉的测定 原子吸收分光光度法》(GB/T 7475—1987)
4		总汞	《水质 汞、砷、硒、铋、锑的测定 原子荧光法》(HJ 694—2014)
5		总镉	《水质 铜、锌、铅、镉的测定 原子吸收分光光度法》(GB/T 7475—1987)
6	直流冷却水（循环水）	进口水温	《水质 水温的测定 温度计或颠倒温度计测定法》(GB 13195—1991)
7		水口水温	《水质 水温的测定 温度计或颠倒温度计测定法》(GB 13195—1991)
8		余氯	《水质游离氯和总氯的测定 N,N-二己基-1,4-苯二胺分光光度法》(HJ 586—2010)

3. 废水污染物监测结果评价标准

表 10-9 废水污染物排放评价标准

污染源	序号	标准名称	执行标准限值	执行标准
废水	1	脱硫废水 pH	6~9	《火电厂石灰石-石膏湿法脱硫废水水质控制指标》(DL/T 997—2006)
	2	脱硫废水总砷	0.5 mg/L	
	3	脱硫废水总铅	1.0 mg/L	
	4	脱硫废水总汞	0.05 mg/L	
	5	脱硫废水总镉	0.1 mg/L	
	6	循环冷却水水温差	5℃	—
	7	循环冷却排水余氯	0.5 mg/L	《污水综合排放标准》(GB 8978—1996)

备注：脱硫废水不外排

（四）厂界噪声监测方案

公司主要噪声源见表 10-10。

表 10-10　废水污染物排放评价标准

序号	主要声源	备注
1	发电机	主设备
2	蒸汽轮机	
3	引风机	辅助设备
4	冷却塔	
5	脱硫塔	
6	给水泵	
7	灰渣泵房	
8	碎煤机房	
9	循环泵房	

1. 厂界噪声监测点位、监测项目及监测频次

表 10-11　厂界噪声监测点位、监测项目及监测频次

类型	监测项目	监测点位	监测频次	监测方式
厂界噪声	$LeqA$	厂东界外 1 m	1 次/季，昼、夜各一次	手工监测
	$LeqA$	厂西界外 1 m	1 次/季，昼、夜各一次	手工监测
	$LeqA$	厂南界外 1 m	1 次/季，昼、夜各一次	手工监测
	$LeqA$	厂北界外 1 m	1 次/季，昼、夜各一次	手工监测

2. 厂界噪声监测方法

表 10-12　厂界噪声监测方法

监测项目	监测方法	备注
厂界噪声 $LeqA$	《工业企业厂界环境噪声排放标准》（GB 12348—2008）	厂界噪声分白天（6：00—22：00）、昼夜（22：00—次日 06：00）各测一次

3. 厂界噪声评价标准

厂界东、西、北侧噪声执行 GB 12348—2008《工业企业厂界环境噪声排放标准》3 类标准，昼间：65 dB（A），夜间 55 dB（A）；厂界南侧为交通干道，南侧噪声执行 GB 12348—2008《工业企业厂界环境噪声排放标准》4 类标准，昼间：70 dB（A），夜间 55 dB（A）。厂界噪声评价标准见表 10-13。

表 10-13　厂界噪声评价标准

监测点位	监测项目	执行标准限值	执行标准
厂东界外 1 m	LeqA	昼间：65dB（A），夜间 55dB（A）	《工业企业厂界环境噪声排放标准》（GB 12348—2008）3 类
厂西界外 1 m	LeqA	昼间：65dB（A），夜间 55dB（A）	《工业企业厂界环境噪声排放标准》（GB 12348—2008）3 类
厂南界外 1 m	LeqA	昼间：70dB（A），夜间 55dB（A）	《工业企业厂界环境噪声排放标准》（GB 12348—2008）4 类
厂北界外 1 m	LeqA	昼间：65dB（A），夜间 55dB（A）	《工业企业厂界环境噪声排放标准》（GB 12348—2008）3 类

四、监测点位示意图

公司自行监测采用自动监测和手工监测相结合的技术手段。公司自行监测点位见图 10-1。

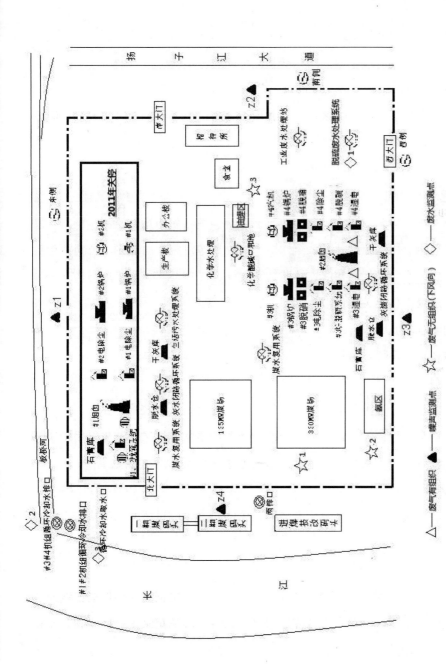

图 10-1　监测点位示意图

五、质量控制措施

公司自行监测遵守国家环境监测技术规范和方法。国家环境检测技术规范和方法中未作规定的，可以采用国际标准和国外先进标准。

1. 人员持证上岗

公司有×人参加了××××培训，并取得证书。委托运维的××××有限公司，具有××××资质证书，且运维人员持有××××合格证书。

2. 烟气自动监控系统（CEMS）

公司两台机组烟气测量表计均有××××认证和标志，烟气在线监测系统（CEMS）××××，满足国家计量标准要求。公司两台机组烟气监测实施自行监测，主要是对废气中的氮氧化物、烟尘、二氧化硫等进行实时监测，公司两台机组烟气排放安装实时的烟气在线连续监控系统（即 CEMS 系统），均与××××联网并实时连续上传相关环保数据。

3. 实验室能力认定

委托有资质的环境监测机构——××××公司开展手工监测项目。

4. 监测技术规范性

废气监测平台、监测断面和监测孔的设置均符合××××等的要求，同时按照××××对自动监测设备进行校准与维护。监测技术方法选择首先采用国家标准方法，在没有国标方法时，采用行业标准方法或环保部推荐方法。

5. 仪器要求

仪器设备档案必须齐全，且所有监测仪器、量具均经过质检部门检定合格并在有效期内使用。

6. 记录要求

自动监测设备应保存仪器校验记录。校验记录必须根据××环保局在线监测科要求，按照规范进行，记录内容需完整准确，各类原始记录内容应完整，不得随意涂改，并有相关人员签字。

手工监测记录必须提供原始采样记录，采样记录的内容须准确完整，至少 2 人共同采样和签字，不得随意涂改；采样必须按照《环境空气质量手工监测技术规范》（HJ/T 194—2005）、《固定源废气监测技术规范》（HJ/T 397—2007）和《固定污染源监测质量保证与质量控制技术规范》（HJ/T 373—2007）中的要求进行；样品交接记录内容需完整、规范。

7．环境管理体系

公司成立环保技术监督领导小组，公司各相关专业负责人为工作小组成员，负责对公司环保设施运行、维护和技术改造的管理。环保设施与主设备同等管理，发电部负责生产与环保设施的安全、环保运行管理，技术支持部负责环保设施的维护和技改管理，确保公司环保设施正常达标运行。公司环保归口于××××部，负责公司环保管理工作，建立环保指标体系，对公司环保工作进行月度绩效考核管理，确保环保体系运行正常。

六、信息记录和报告

（一）信息记录

1．监测和运维记录

手工监测和自动监测的记录均按照《排污单位自行监测技术指南 总则》执行。自动监测记录烟尘、二氧化硫、氮氧化物排放浓度，以及烟气量、氧含量等；手工监测记录由有资质的环境检测机构提供盖章件的检测结果。自动监测结果的电子版和手工监测结果纸质版环境管理台账均保存三年。

2．生产和污染治理设施运行状况记录

（1）按照燃煤发电机组记录每日的运行小时、用煤量、发电煤耗、实际发电量、实际供热量、负荷率等；

（2）每天记录煤质分析，包括收到基灰分、干燥无灰基挥发分、收到基全硫、低位发热量等；

（3）自动监测记录烟尘、二氧化硫、氮氧化物排放浓度，以及烟气量、氧含量等；

（4）及时记录废气治理设施（脱硝、除尘及脱硫）的运行、异常和故障情况，及时向上级报备。

（二）信息报告

每年年底编写第二年的自行监测方案。自行监测方案包含以下内容：

1. 监测方案的调整变化情况及变更原因；

2. 企业及各主要生产设施（至少涵盖废气主要污染源相关生产设施）全年运行天数，各监测点、各监测指标全年监测次数、超标情况、浓度分布情况；

3. 自行监测开展的其他情况说明；

4. 实现达标排放所采取的主要措施。

（三）应急报告

1. 当监测结果出现超标，我公司对超标的项目增加监测频次，并检查超标原因。

2. 若短期内无法实现稳定达标排放的，公司应向×××环境保护局提交事故分析报告，说明事故发生的原因，采取减轻或防止污染的措施，以及今后的预防及改进措施。

七、自行监测信息公布

（一）公布方式

自动监测和手工监测分别在××××和××××（网址：××××）进行信息公开。

（二）公布内容

1. 基础信息，包括单位名称、组织机构代码、法定代表人、生产地址、联系方式，以及生产经营和管理服务的主要内容、产品及规模；

2. 排污信息，包括主要污染物及特征污染物的名称、排放方式、排放口数量和分布情况、排放浓度和总量、超标情况，以及执行的污染物排放标准、核定的排放总量；

3．防治污染设施的建设和运行情况；

4．建设项目环境影响评价及其他环境保护行政许可情况；

5．公司自行监测方案；

6．未开展自行监测的原因；

7．自行监测年度报告；

8．突发环境事件应急预案。

（三）公布时限

1．企业基础信息随监测数据一并公布，基础信息、自行监测方案一经审核备案，一年内不得更改；

2．手工监测数据根据监测频次按时公布；

3．自动监测数据实时公布，废气自动监测设备产生的数据为时均值；

4．每年 1 月底前公布上年度自行监测年度报告。

附录 11

美国废水点源（NPDES）自行监测管理要求

1. 实施载体和定位

美国废水污染源自行监测是以国家消除污染物排放制度（NPDES）许可证制度为载体而实施。通过 NPDES 排污许可证，对排污企业提出自行监测的具体要求，由企业开展自行监测。污染源监测与报告是许可证制度的重要组成内容。

美国 NPDES 排污许可证制度是 1972 年《清洁水法》中提出的用于控制污染和实现水质保护的政策手段。许可证文本由专门的技术人员、许可证编写者设计，包括个体许可证和一般许可证两大类。个体许可证针对每个源的特点独立设计，"一源一证"；一般许可证针对一类相似的源设计，同类污染源纳入同一个一般许可证下管理。所有许可证的文本都包括首页、排放限值、监测与报告、特殊规定、标准规定 5 方面的内容，其中针对企业具体情况设定的排放限值是许可证制度的核心内容，每项污染物的排放限值根据每个源的具体情况确定，"一源一限值"。每个许可证文本中监测与报告的要求是根据排放限值的内容，结合企业的排放特点专门设计，"一源一方案"。

排污单位自行监测的目的包括：确定持证单位是否符合 NPDES 排污许可限值的要求；为执法提供依据；评估废水处理效率；表征排污特性；表征受纳水体的特性。自行监测是排污单位自证守法和对环境质量影响的行为，是污染源监测的主体形式。

2. 自行监测方案内容和设计依据

排污单位自行监测方案由许可证编写者根据排污单位提供的产品、原辅材料、排污口历史分析测试数据等，结合专业判断有针对性地设计，设计思路在《美国NPDES 许可证编写者指南》中有详细介绍。

（1）监测内容

排污单位自行监测内容包括进水监测、出水监测、源水监测、内部监测、环境监测（受纳水体）、其他监测（如污泥）等方面。并非所有持证单位都需要开展所有的监测，具体监测内容根据排污许可证中排放限值的要求和企业的具体情况确定。

（2）监测指标的确定

排污单位在申请排污许可证时，需要对本单位的排放状况作分析，根据生产工艺和原辅材料使用情况，结合废水分析测试，确定各排污口排放的污染物。污染物分为常规污染物、非常规污染物和有毒有害污染物 3 类。常规污染物包括 5 种，即五日生化需氧量、总悬浮固体、粪大肠菌群、pH、油和油脂；有毒有害污染物参照《清洁水法》列出的有毒物质目录，包括 126 种重金属和人造有机化合物；非常规污染物指无法归类到上述两种类别的污染物，包括氨、氮、磷、化学需氧量、污水综合毒性等。

许可证编写者根据排污单位提交的材料和分析测试数据，结合专业判断，确定各单位每个排污口应控制的污染物指标和排放限值。排污单位自行监测方案必须包括所有许可证中规定了排放限值的污染物（情况说明书中特别注明豁免监测的内容除外）浓度（或其他合适的计量单位）、废水排放量，以及其他相关指标。对于排放污染物比较复杂的企业，监测指标会有数十项甚至更多。

（3）监测点位的确定

确定监测位置需要考虑的因素包括：监测位置是否位于设施所有权内；对于持证人和许可证管理机构而言，监测位置是否易到达；结果是否具有代表性。监测点位分为进水口或源水监测点、内部监测点、外排监测点 3 类，外排监测点所有排污单位都应设置，其他两类根据企业的具体情况确定是否需要设置。

1）进水口或源水监测点

需在进水口或源水处设置监测点，开展进水或源水监测的情况包括：排放限值中有去除率要求的市政污水处理厂等必须监测进水情况；对于非市政污水处理厂，如果需要获得与污水处理单元运行相关的其他信息，那么也可以监测进水特征；在某些情况下，还可以要求持证单位监测源水，如利用河水作为接触冷却水，在取水诚信体系已建立的情况下应该要求监测源水。

2）内部监测点

内部监测点是污水排入水体前仍位于设施内部的监测点，可以要求设置的情况包括：

①为确保符合排放限值导则和标准（针对非市政源）。当未经处理的废水被其他达标废水稀释时，监测混合后的排放废水可能已无法获得准确、真实的排污情况，此时应考虑监测与其他废水混合前的排放情况。

②为确保符合二级处理标准（仅针对市政污水处理厂）。某些市政污水处理厂在二级处理之后还配套了其他处理设施，可能影响其二级出水的监测达标结果，可以考虑在二级处理完成后、配套设施处理前，按照二级处理标准进行达标监测。

③为检测某种污染物。若工艺废水与非工艺废水混合稀释后，某种重要污染物无法通过规定的分析手段检测，则可以设置内部监测点，在废水混合之前检测该污染物的特征。

3）外排监测点

外排监测点指所有污水处理工艺之后的排放监测点。许可证中的排放限值多数针对最终废水排放，因而需要通过最终排放监测来确定持证单位是否符合许可证规定的最终排放限值要求。另外，最终排放监测还可以评估废水对受纳水体的影响。最合理的外排监测点应正好位于排入水体之前的位置，当执行基于水质的排放限值时尤应如此。

（4）监测频次的确定

许可证编写者应该确定能够表示出水水质特征和探测违法行为的监测频次，

并酌情考虑持证单位的潜在成本，尽可能地排查出违法排污情况，避免不必要的重复监测。在确定合适的监测频次时，需要考虑的因素包括：

1）波动性。波动性大的出水应该比相对稳定的出水要求更高的监测频次。

2）处理设施的设计容量。在处理能力接近设计容量时，监测频次需要增加。如当平均流速相同时，相对于受到渗透或大量工业污水排放影响而使水量不断波动的超负荷处理设施而言，不易受旁路影响的大型氧化塘处理系统的监测频次可以更低。

3）使用的处理方法。废水处理工艺会影响监测频次的确定，类似的处理工艺其监测频次也应类似。使用生物处理的工业源可以与具有相同处理装置的污水处理厂有类似的监测频次。若处理方法合适且能够稳定高效地去除污染物，则监测频次可低于没有处理设施或处理设施不足的工业企业。

4）历史守法资料。可根据设施的达标排放历史调整监测频次，无法达标排放的设施通常需要增加监测频次，以找出无法实现达标排放的原因或违规事实。

5）监测成本应与排污者自身能力相一致。许可证编写者不应有过度的监测要求，除非有必要获得关于排放的充足信息。

6）排放位置。若废水排向敏感水体或接近公共供水处，则应增加监测频次。

7）污染物性质。对于高毒废水或污染物变化较大的废水，应增加监测频次。

8）排放频率。非持续排污设施的监测频次应与持续排放高浓度废水或含有不常检出的低浓度污染物的设施监测频次有所区别，同时还应考虑设施运行时间（如季节性或日常运行）、车间冲洗时间或其他类似因素。

9）确定出水限值时的每月采样数量。在确定监测频次时，应考虑建立基于水质的排放限值时每月的采样数量。若持证单位的排放监测频次低于建立基于水质的排放限值时每月的采样数量，持证单位达到月均排放限值则很困难。如平均月均值是基于每月4次采样结果的限值（即排放限值是采样的1个月内4次样品的预期均值），而持证单位每个月只采1次样品，在统计学上会超过采4次样品的超标概率。

10）分级限值。当许可证中包含多级限值时，应考虑对应不同的许可限值设定不同的监测频次。如某设施持有季节排放许可证，在其生产旺季应增加监测频次，在淡季应减少监测频次。

11）其他因素。为了确保监测的代表性，可以要求在某些方面有关联的参数在同一天、同一周或同一个月内开展监测。

许可证编写者可以建立分层监测要求，即在一个有效周期内，减少或增加监测频次。当初期的采样数据显示达标排放时，可对排放者逐渐降低监测频次。若在初期的污染物采样监测中发现了问题，则需要增加监测频次。这种监测方法能够在充分保护水质的前提下，降低持证单位的监测成本。

1996 年，美国颁布了《减少 NPDES 许可证监测频次的暂行办法》，企业可以通过满足达标监测、持续低于排放限值的行为来证明符合减少监测频次的要求。监测频次降低幅度因指标而异，主要考虑现有的监测频次与该指标达标率。当许可证更新时，可将降低的监测频次纳入。为了能够持续享有降低监测频次的待遇，持证单位必须保持高绩效水平和良好的守法记录。

（5）采样方法的确定

许可证编写者应明确所有监测指标的样品收集方法。采样方法基于排放污水的特征来确定，基本方法有瞬时采样、混合采样、连续采样 3 种。

1）瞬时采样

瞬时采样是在 15 min 内完成的单次采样，代表采样的瞬时情况，适用于以下情况：废水特征相对稳定；需要分析的指标会因存储而发生变化，如温度、残留氯、可溶性硫化物、氰化物、酚类、微生物指标和 pH；待分析的指标易受到混合过程的影响，如易挥发物、油和油脂；需要得到短期的变化情况；混合采样不可行或混合过程易产生新的物质；有待确定的空间参数变化特征，如溪流或大型水体的横断面和（或）深度变化；对充分混合的间歇排放废水分批次采样。

2）混合采样

混合采样适用于以下情况：需要得到混合采样时间段内污染物的平均浓度；

需要得到单位时间的污染物质量负荷；废水排放特征变化较大。

混合采样通常有时间等比例和流量等比例两种方式，后者又分为流量恒定而间隔时间不同和间隔时间恒定而流量不同两种，许可证中需要明确使用哪种方式。当流量相对稳定时（变化幅度在平均流量±10%以内），建议采用时间等比例混合采样；当废水流量随时间变化较大时，建议采用流量等比例混合采样。

许可证中应明确混合采样的时间周期和 1 次采样的取样频率，即说明构成混合样品的独立小份样品的数量。对于持续 4 h 以上的非雨水排放系统，至少要取 4 个小份样品。

3）连续采样（自动采样和分析）

对于不同的污染物，自动监测设施的成本、准确度和可信度均不同。需要考虑采取连续采样的必要性和监测成本，当企业排放量大且排放情况变化大时才采用该方法。应将监测指标变化对环境影响的重要性与相应的监测成本作对比分析，总体而言，连续采样仅适用于少数指标，如流量、总有机碳、温度、pH、传导性、余氯、氟化物、溶解氧等。

3. 自行监测数据的应用

NPDES 许可证综合达标信息系统（ICIS-NPDES）在美国的 NPDES 许可证制度中非常重要，所有企业的自行监测数据都要输入该系统。ICIS-NPDES 收集了所有持证单位的排污设施及废水的排放特征、自行监测数据、达标限期、许可条件、检查信息、强制执法行为等信息。

美国将许可证管理机构旨在查明持证单位对许可证执行情况的所有活动称为达标监测，主要目的是对许可证的达标情况作证实，包括排放限值和执行进程是否符合许可内容。达标监测由监督审查和现场调查两部分组成。监督审查主要针对所有书面报告及其他与持证单位执行情况有关的材料，信息来源包括许可证/监督文档和 ICIS-NPDES 数据库。ICIS-NPDES 收集的监测数据是监督审查的重要内容，是用于评估排污单位达标情况和支撑执法行为的重要依据。

ICIS-NPDES 数据库收集的信息不仅为管理机构审查持证单位是否依证排污提供了数据基础，也为开展其他管理活动提供了大量有价值的数据。一方面，这些信息为制定国家排放限值导则提供了充足的数据。国家排放限值导则的制定建立在大量数据统计分析的基础上，许可证信息系统中收集了大量的监测数据，通过对这些数据的分析，可以获得当前的污染治理技术水平，基于此制定的排放限值能够体现技术进步，从而推进排污单位应用当前成熟的技术手段实现污染治理水平的提高。另一方面，这些信息为国家排放限值导则中未考虑到的内容提供了可参考的基础。对于部分行业，国家排放限值导则中可能未考虑到所有污染物的排放限值，可以借鉴该数据库中可利用的信息，基于最佳的专业判断，设定相对科学的排放限值，体现管理的先进性。

参考文献

[1] EPA Office of Wastewater Management-Water Permitting.Water permitting 101[EB/OL].
     [2015-06-10].http：//www.epa.gov/npdes/pubs/101pape.pdf.

[2] Office of Enforcement and Compliance Assurance.NPDES compliance inspection
     manual[R].Washington D.C.：U.S. Environmental Protection Agency，2004.

[3] U.S. EPA.Interim guidance for performance-based reductions of NPDES permit monitoring
     frequencies[EB/OL].[2015-07-05].http：//www.epa.gov/npdes/pubs/perf-red.pdf.

[4] U.S. EPA.U.S. EPA NPDES permit writers' manual[S].Washington D.C.：U.S. EPA，2010.

[5] UK.EPA. Monitoring discharges to water and sewer：M18 guidance note[EB/OL].
     [2017-06-05]. http：//www.gov.uk/government/publications/m18-monitoring-of-discharges-to-water-
     and-sewer.

[6] 常杪，冯雁，郭培坤，等. 环境大数据概念、特征及在环境管理中的应用[J]. 中国环境管
     理，2015，7（6）：26-30.

[7] 冯晓飞，卢瑛莹，陈佳. 政府的污染源环境监督制度设计[J]. 环境与可持续发展，2017，
     42（4）：33-35.

[8] 环境保护部. 关于印发《国家监控企业污染源自动监测数据有效性审核办法》和《国家重
     点监控企业污染源自动监测设备监督考核规程》的通知[EB/OL]. [2018-02-12]. http：//
     www. zhb. gov. cn/gkml/hbb/bwj/200910/t20091022_174629.htm.

[9] 环境保护部大气污染防治欧洲考察团，刘炳江，吴险峰，王淑兰，等. 借鉴欧洲经验加快
     我国大气污染防治工作步伐——环境保护部大气污染防治欧洲考察报告之一[J]. 环境与
     可持续发展，2013（5）：5-7.

[10] 姜文锦，秦昌波，王倩，等. 精细化管理为什么要总量质量联动？——环境质量管理的国

际经验借鉴[J]. 环境经济，2015（3）：16-17.

[11] 罗毅. 环境监测能力建设与仪器支撑[J]. 中国环境监测，2012，28（2）：1-4.

[12] 罗毅. 推进企业自行监测 加强监测信息公开[J]. 环境保护，2013，41（17）：13-15.

[13] 钱文涛. 中国大气固定源排污许可证制度设计研究[D]. 北京：中国人民大学，2014.

[14] 曲格平. 中国环境保护四十年回顾及思考（回顾篇）[J]. 环境保护，2013（10）：10-17.

[15] 宋国君，赵英煚. 美国空气固定源排污许可证中关于监测的规定及启示[J]. 中国环境监测，2015，31（6）：15-21.

[16] 宋云，张琳，郭逸飞，等. 国内外造纸行业水污染排放标准比较研究[J]. 中国环境管理，2012（1）：32-44.

[17] 孙强，王越，于爱敏，等. 国控企业开展环境自行监测存在的问题与建议[J]. 环境与发展，2016，28（5）：68-71.

[18] 谭斌，王丛霞. 多元共治的环境治理体系探析[J]. 宁夏社会科学，2017（6）：101-103.

[19] 唐桂刚，景立新，万婷婷，等. 堰槽式明渠废水流量监测数据有效性判别技术研究[J]. 中国环境监测，2013，29（6）：175-178.

[20] 王军霞，陈敏敏，穆合塔尔·古丽娜孜，等. 美国废水污染源自行监测制度及对我国的借鉴[J]. 环境监测管理与技术，2016，28（2）：1-5.

[21] 王军霞，陈敏敏，唐桂刚，等. 我国污染源监测制度改革探讨[J]. 环境保护，2014，42（21）：24-27.

[22] 王军霞，陈敏敏，唐桂刚，等. 污染源，监测与监管如何衔接？——国际排污许可证制度及污染源监测管理八大经验[J]. 环境经济，2015（Z7）：24.

[23] 王军霞，唐桂刚，景立新，等. 水污染源五级监测管理体制机制研究[J]. 生态经济，2014，30（1）：162-164，167.

[24] 王军霞，唐桂刚，赵春丽. 企业污染物排放自行监测方案设计研究——以造纸行业为例[J]. 环境保护，2016，44（23）：45-48.

[25] 王军霞，唐桂刚. 解决自行监测"测""查""用"三大核心问题[J]. 环境经济，2017（8）：32-33.

[26] 胥树凡. 环境监测体制改革的思考[J]. 环境保护，2007（10B）：15-17.

[27] 薛澜，张慧勇. 第四次工业革命对环境治理体系建设的影响与挑战[J]. 中国人口•资源与环境，2017，27（9）：1-5.

[28] 张紧跟，庄文嘉. 从行政性治理到多元共治：当代中国环境治理的转型思考[J]. 中共宁波市委党校学报，2008，30（6）：93-99.

[29] 张静，王华. 火电厂自行监测现状及建议[J]. 环境监控与预警，2017，9（4）：59-61.

[30] 张伟，袁张燊，赵东宇. 石家庄市企业自行监测能力现状调查及对策建议[J]. 价值工程，2017，36（28）：36-37.

[31] 张秀荣. 企业的环境责任研究[D]. 北京：中国地质大学，2006：21-26.

[32] 张勇，曹春昱，冯文英，等. 我国制浆造纸污染治理科学技术的现状与发展（续）[J]. 中国造纸，2012，31（3）：54-58.

[33] 张勇，曹春昱，冯文英，等. 我国制浆造纸污染治理科学技术的现状与发展[J]. 中国造纸，2012，31（2）：57-64.

[34] 赵吉睿，刘佳泓，张莹，等. 污染源 COD 水质自动监测仪干扰因素研究[J]. 环境科学与技术，2016，39（S1）：299-301，314.

[35] 左航，杨勇，贺鹏，等. 颗粒物对污染源 COD 水质在线监测仪比对监测的影响[J]. 中国环境监测，2014，30（5）：141-144.